高等院校艺术设计专业应用技能型教材

WEBSITE
DESIGN

网页设计

白 雪◎编著

重庆大学出版社

图书在版编目（CIP）数据

网页设计/白雪编著. --重庆：重庆大学出版社，
2018.3（2021.8重印）
高等院校艺术设计专业应用技能型教材
ISBN 978-7-5689-0456-8

Ⅰ. ①网… Ⅱ. ①白… Ⅲ. ①网页制作工具—高等学
校—教材 Ⅳ. ①TP393.092.2

中国版本图书馆CIP数据核字（2017）第053040号

高等院校艺术设计专业应用技能型教材

网页设计
WANGYE SHEJI

白 雪 编著

策划编辑：张菱芷 寒 佳 刘雯娜

责任编辑：刘雯娜 版式设计：刘雯娜

责任校对：王 倩 责任印制：赵 晟

重庆大学出版社出版发行

出版人：饶帮华

社 址：重庆市沙坪坝区大学城西路21号

邮 编：401331

电 话：（023）88617190 88617185（中小学）

传 真：（023）88617186 88617166

网 址：http://www.cqup.com.cn

邮 箱：fxk@cqup.com.cn（营销中心）

全国新华书店经销

重庆五洲海斯特印务有限公司印刷

开本：787mm×1092mm 1/16 印张：7.5 字数：198千
2018年3月第1版 2021年8月第2次印刷
ISBN 978-7-5689-0456-8 定价：48.00元

编委会

主　任：袁恩培

副主任：张　雄　　唐湘晖

成　员：杨仁敏　　胡　虹

　　　　曾　敏　王　越

序 / PREFACE

人工智能、万物联网时代的来临，对传统行业的触动与重组方兴未艾。各学科高度融合，各领域细致分工，改变着人们固有的思维模式和工作方式。设计，是社会走向新时代的首要领域，并且扮演着越来越重要的角色。对于设计人才，要适应新时代的挑战，必须具有全新的和全面的知识结构。

作为全国应用技术型大学的试点院校，我院涵盖工学、农学、艺术学三大学科门类，建构起市场、创意、科技、工程、传播的课程体系。我院坚持以"市场为核心，科技为基础，艺术为手段"的办学理念；以改善学生知识结构，提升综合职业素养为己任；以"市场实现""学科融合""工作室制""亮相教育"为途径，最终培养懂市场、善运营、精设计的跨学科、跨领域的新时代设计师和创业者。

我院视觉传达专业是重庆市级特色专业，以视觉表现为依托，以"互联网+"传播为手段，融合动态、综合信息传达技术的应用技术型专业。我院建有平面设计工作室、网页设计工作室、展示设计实训室、数字影像工作室、三维动画工作室、虚拟现实技术实验室。

我院建立了"双师型"教师培养机制，鼓励教师积极投身社会实践和地方服务，积累并建立了务实的设计方法体系和学术主张。

在此系列教材中，仿佛能看到我们从课堂走向市场的步履。

重庆人文科技学院建筑与设计学院院长　张雄

2017年冬

前　言 / FOREWORD

　　网页设计是一门综合了网页界面设计、用户体验、程序设计等各方面知识技能的综合实践性课程。目前，网页设计课程主要有两种形式：一种是以计算机专业为主，通过编程、脚本设计，以HTML、CSS、JavaScript、PHP等语言为载体实现；另一种是以艺术设计为前提，通过预先对网页界面色彩、版式等进行设计，然后利用一些所见即所得的网页设计软件实现。两种教学方式各有优势，但局限性也不少。

　　鉴于此，我们组织和编写了《网页设计》一书。本教材以艺术设计为前提，以HTML、CSS语言为技术手段，主要针对艺术类专业的学生进行网页实操实践讲解，力图使学生在规定课时之内，能有效地学习和掌握目前网页设计的理论与技能，同时对理工科如计算机等专业的学生起到开阔眼界、优势互补的指导作用，达到探索将技术与艺术相融合的目的。

　　本教材重在实践，通过具体的案例进行讲解和分析，并在实践应用前把案例所需的基础常识进行讲解归纳。这样设置的原因和好处有两点：

　　一是网页设计是一门综合知识集聚的课程，不但需要清晰了解互联网基础知识，而且还涉及大量行业知识、计算机软件相关技术基础知识、案例设计中的流程基础知识等内容。如果单纯将基础知识放在前面章节介绍，势必让学生产生畏难和迷茫情绪。从心理学角度来讲，一个有趣又不失严谨的目录，会让学生保持良好的心态来完成最终的自主学习，这也是我们所提倡的翻转课堂教学形式的有力支持。

　　二是从逻辑上来讲，将网页繁复的基础常识和实践应用分开、将互联网工具和设计软件类工具分开、将计算机语言的应用和网页设计流程应用分开，做好知识结构的梳理和科学系统归类，也便于学生按需索引。

无论是专业发展需要不断摸索和创新，还是教学方法的改革，都必须落实到教材建设中才能取得良好的教学效果。本教材立足于打破专业之间的屏障，采用最新的翻转课堂教学形式激发学生自学和教师教学之间的契合点，通过精彩的网页设计案例诠释不同类型网站中网页的呈现方式，过程细致而严谨，充满趣味，能极大地激发学生对网页设计效果实现的兴趣。通过过程再现使学生具有独立完成具体设计的能力，最终引导学生自主设计，从而真正实现艺术和技术的高度融合，真正实现配合应用型人才培养模式教学的目的。

由于编者的水平及时间有限，书中若存在疏漏或失误之处，恳请广大专家、教师和读者提出宝贵意见和建议，以便即时更正。

编著者

2017年1月

教学进程安排

课时分配	第一单元	第二单元	第三单元	第四单元	第五单元	合　计
讲授课时	10	8	8	8	4	40
实操课时	6	8	8	8	12	40
合　计	16	16	16	16	16	80

课程概况

　　网页设计是艺术设计（视觉传达设计）专业的主干课程之一，也是一门重要的应用技术类实践课程。网页设计课程设置满足市场对设计领域高级技术型人才的需求，培养适合从事网页设计与网站建设相关岗位的人才。

　　本教材主要分为5个单元。第一单元是网页设计基础知识概述，分类讲授网页设计的尺寸规范、色彩规范、版式设计等方面的知识，介绍当下的网页设计行业新趋势及网站类型等；第二单元主要讲解一个网站从策划设计到最终实现的流程，重点分为前期的策划和定位、中期的网站原型设计和后期的发布推广；第三单元主要针对各类软件特点和优势进行分析，对HTML代码语言进行详细讲解，重点内容按网站设计的流程为线索，通过案例讲解网站从策划到界面的视觉表现的实现过程；第四单元是优秀网页设计作品赏析；第五单元是综合案例展示，让学生直观地学习网页设计的设计思路和实现步骤。

教学目的

　　本课程主要结合Photoshop和Dreamweaver等网页设计工具，全面介绍网页设计的视觉表现手段。通过对HTML网页制作代码工具、Web基本工作机制学习，使学生具有设计与制作静态网站的能力。本课程学习的首要任务是了解网页最新的技术动态和网页制作流程，并了解网站发布等相关知识，从而提升学生网页造型艺术的素养，掌握普通型网页制作的精湛技术。

目 录／CONTENTS

第一单元
"一览了然"——网页设计基础

课　　时： 14课时

单元知识点： 本单元首先介绍了关于互联网的常识和常用术语；然后分类讲授了在网页设计时要注意的尺寸规范、色彩规范、版式设计等方面的知识；最后对当下的网页设计行业新趋势及网站类型等进行了较为详细的介绍。

我们畅游网络时需要从每一个网页开始接触，但网页是什么呢？通俗地说，如果我们把网络想象成一本巨大的百科全书，那么里面每一个细小的章节就是一个站点，俗称为网站，而网站又是由多个网页组建起来的，网页就像是书中的每一页。所以，网页是构成网站的最基本的元素。为了更好地理解网络知识，首先需要弄清楚一些基本概念。

（1）Internet概念

Internet是Interconnection Network的简称，中文翻译是因特网，又称为互联网。有人用高速公路来比喻互联网的畅通对于信息交流的重要作用。这个庞大的系统是目前全球信息量最大、覆盖面最广、使用用户最多的网络资源平台。

Internet的普及是人类进入网络文明时代或信息社会的重要里程碑，是一种最为智能便捷的新型媒介，无论是从中得到信息还是上传信息，都和以往的媒介大相径庭，其快捷的操作模式、友好的互动访问方式让人们乐于去接触和使用它，从而开启真正的互联网时代。

对于普通用户来说，并不需要去追根究底Internet到底是什么，只需要用它来做一些平常的事情，如浏览信息、收发邮件、联络朋友，或者买些心仪的商品等，所有这些事情我们都可以足不出户就能实现。

（2）统一资源定位器（URL）网址

实际上，网络上的各种资源（Resource）分散在各地的计算机主机中，定位器（Locator）的目的就是要指出这些资源所在之处。我们可以通俗地把URL理解成一个能带领计算机用户到资源所在处的向导，并且通过适当方式取得该项资源。这些资源可能位于用户自己的计算机中，也可能在网络远端的某台主机上。

（3）WWW

WWW全称为World Wide Web，又称为万维网。它是基于Internet提供的一种界面友好的信息服务，用于检索和阅读链接到Internet服务器上的有关内容。该服务利用超文本（Hypertext)、超媒体（Hypermedia）等技术，允许用户通过浏览器（如微软的IE、网景的Netscape）检索远程计算机上的文本、图形、声音以及视频文件。

（4）网页

Internet上有许多的网站，每一个网站就是一套具有相关的主题、相同的设计或共同的用途且互相链接的文档，这些文档就称为网页。网页把我们要表达的信息用HTML语言表达出来，然后通过浏览器将这些标记语言"翻译"过来，并按一定的格式显示出来。

（5）超链接

网页中的链接可分为文字链接和图像链接两种。只要访问者用鼠标单击带有链接属性的文字或图像，就可以自动转跳到其链接到的其他文件或页面，实现类似翻页的功能，这样就能让网页和网页之间建立整体关系，组建成一个完整的网站。

（6）域名

　　域名是Internet上的一个服务器或一个网络系统的名字，如sina.com就是一个域名。域名用于识别和定位Internet上的计算机，并与该计算机的互联网协议IP地址相对应。根据国际互联网域名体系的划分，我国的顶级域名是.CN。在此基础之上，又进一步划分出了两类次一级的域名层次，即类别域名和行政区划域名。类别域名是依照申请机构的性质划分出来的域名，具体包括以下几种：

　　AC：科研机构

　　COM：工、商、金融等企业

　　EDU：教育机构

　　GOV：政府部门

　　NET：互联网络、接入网络的信息中心（NIC）和运行中心（NOC）

　　ORG：各种非营利性的组织

　　例如：重庆人文科技学院的域名cqrk.edu.cn就是类别域名。

　　了解一些基本的互联网常识，将有利于我们更全面地理解网页设计的范畴。

第一课　网页设计规范

课时：8课时

要点：系统地讲述网页设计的基本要素，主要从网页设计的尺寸规范、色彩规范、版式编排等方面进行具体讲解，要求学生在实际操作过程中严格按照规范进行设计。

　　每当看到心仪的网页设计，就有种迫切想知道其设计方法和技巧的冲动，这种好奇心常常促使笔者把好的网站下载下来临摹，学习基本元素的搭配以及版式设计上的细节和规范，以此来增加自己的经验值，因为好的网页设计往往有一些规律可循。下面站在浏览者的角度，笔者将自己的一些经验和体会分享给想要成为网页设计师的人，希望对他们有所帮助。

1.网页的尺寸

　　一般情况下，在进行网站设计之前需要预先设定好网页显示的大致比例。十多年前，网页最适合的宽度是960px，因为960px在原来常见型号1024×768的显示器分辨率下视觉感受最合适。近些年，随着显示器尺寸不断增加，网页分辨率的适应性问题常常引发争论。如现在20英寸的笔记本普通屏幕都可以达到1920×1080的分辨率，台式计算机的显示器尺寸也打破了预先设定，如果网页再局限于一个固定的分辨率已不能适应需求。目前使用手机或者平板上网的人越来越多，网页的显示方式也越来越多，只针对某种显示器尺寸来设计的网页已不再适应各种变化，网页尺寸的规范变得日趋人性化。换句话讲，不管浏览者在什么显示终端上看这个页面，都要求能完整且舒适地显示出来（图1-1）。

　　目前大多数网站的解决方法是，为不同的显示设备提供不同尺寸的网页，如专用的iPhone或者iPad版本。这样做不仅大大增加了设计者的工作量，而且此网站有多个portal（入口），会让网络架构的复杂度成倍增加。2010年，Ethan Marcotte提出了"自适应网页设计"（Responsive Web Design）这个名词，它是指可以自动识别屏幕宽度，并做出相应调整的网页设计。自适应网页设计是现在比较流行的网页尺寸设计方式，可以让设计的网页显示效果自动适应当前浏览器的大小。

图1-1

2.网页的色彩

网页上显示的颜色是以HTML文本格式标识的，可以用英文单词或者十六进制颜色代码的表示方法（如"#000000"表示为黑色）获取，也可以在一些网页设计软件中直接选取需要的颜色。

一个网站最先吸引人们注意的就是它的色彩，有很多精彩的网站让人过目不忘往往得益于其协调的色彩关系或鲜明的个性色彩，因为人的视觉对色彩的感知要比版面元素搭配更容易在记忆中留存。需要注意的是，作为网页设计的新手，很难去驾驭复杂的色彩关系，一些形式化的搭配规律虽然可供直接上手，但它只能使你少犯错，并非最好的设计方案或者技巧，更不是网页视觉设计师的终极目标。这只是一个起点，是设计师在网页设计色彩世界中摸爬滚打的安全指南。一般来讲，网站配色主要有以下几种类型。

（1）单色网页

单色网页是指网站通过调整某一种颜色的饱和度和透明度等方法来增加网页色彩的变化，也被称为同类色网页。例如，一个以蓝色为基调的网站，在做色彩方案预定时就可以以同一色相的颜色作为整体色彩的组成部分，这样页面色彩既能保持协调统一，又具有层次感（图1-2）。

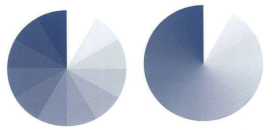

图1-2

或许你会认为这样的搭配很单调，但现实生活中确有许多案例能证明"单一色相同样很美，用户可以通过色彩看到设计师的用心"。如瑞士某品牌的网站就是采用的鲜亮、活力十足的红色作为主要色彩来进行变化，视觉效果非常显著，很好地支持了网页中的瑞士产品展示（图1-3）。

图1-3

图1-4是以绿色为主要基调的网站，让人眼前一亮。

图1-4

图1-5是紫色基调的网站设置页面，同样出彩。

图1-5

（2）类似色网页

　　顾名思义，类似色是指网页中的组合颜色相似或者拥有共同的感情倾向和冷暖调颜色。例如，红—红橙—橙、黄—黄绿—绿、青—青紫—紫等，均为类似色。由类似的色彩构成的网站，网页色彩往往融合性高、明快、纯粹，让人心情愉快（图1-6）。网站配色如图1-7所示。

图1-6

| #:af201c | #:4e0c0f | #:500e0f | #:fb9300 |

图1-7

值得注意的是，类似色的网页搭配有很多种延伸形式，如灰调子，还有之前很流行的糖果色调等，这一类颜色混搭在一起不突兀，有一种自成一派的协调感。如图1-8所示，国外某汽车品牌的官网色调便是采用的灰色系——背景色为灰色，所有的图片都做了降调或者去色的处理，使整个网站色彩浑然一体，大气、高雅。

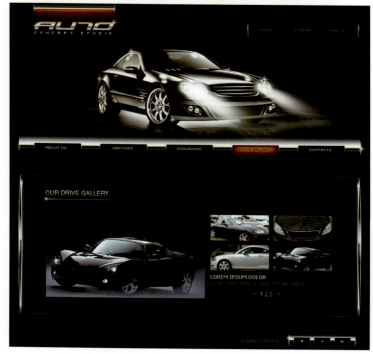

图1-8

（3）对比色网页

这是最广泛的网页色彩搭配类型，很多初学设计的人会以为色彩对比主要是红绿、橙蓝、黄紫色的色相对比，实际上色彩对比范畴不仅仅局限于这些。虽然这里的对比色不是严格意义上色彩关系中的对比色，但大致也可以理解为能够凸显色彩特点，起到吸引眼球、突出主题作用的网页色彩对比。具体来讲，在网页界面设计的色彩构成中，色彩的面积、形状、位置以及色相、明度、纯度之间都可以产生对比效果，从而使网页色彩配合增添不同的变化，页面更加丰富多彩。

在设计这一类网站之前，需要确定网站整体的色彩基调，特别是贯穿整体网页的主色调和具有视觉冲击的点缀色要相得益彰。通常具备主、次两种色调就够用了，也可以通过调整色调、色彩和色度来灵活创造更多的可能性。

值得一提的是，网站的色彩比例控制在 6 ∶ 3 ∶ 1 最为适宜。如果色彩比例太均匀，会让色彩之间相互冲突，主次不分。"6 ∶ 3 ∶ 1"规则指的是，主色调应该覆盖 6 成的网页和 UI 元素，辅助色占据 3 成，而剩下的 1 成则应该是装饰色或者强调色。如图 1-9 所示的 Best Buy 就是一个典型的案例，以蓝色为主色调，黄色为辅助色，红色用以强调。

图1-9

图1-10是欧美一个体育运动类主题的网站，将蓝灰色的背景和降调的图片作为主基调，搭配明黄色的标题文字，风格明快，重点突出，很好地表达了运动类网站的个性色彩。

图1-10

图1-11是土耳其食品New Leaf的官方网站的界面设计，设计师大胆采用了高纯度的黄色和蓝色作为网页主基调，对比色的运用让网页色彩鲜亮，令人印象深刻，很好地展示了果汁饮品的特征。这样灵活的色彩搭配是非常考验设计师的想象力和创造力的。

图1-11

小贴士

网站配色的目的是要提高网站的体验性和可读性，不让用户分心。配色方案需要保证即使是色盲用户都能准确而轻松地获取网站内容。所以，网站的配色并非是随心所欲地搭配，而是在充分满足阅读功能的前提下，做最为舒适的色彩配合。在网页配色中，还要切记一些误区：

①避免使用高饱和度的色彩作背景。

②不要将所有颜色都用到，一个页面尽量将主要色彩控制在3种以内。

③不使用花纹繁复的图案作为背景，以方便用户阅读主要的正文文字。

色彩术语

·色相（Hue）——各类色彩的总称谓，如红色、蓝色、黄色。

·色彩饱和度（Saturation）——颜色的整体强度，也称为纯度。

·明度（Value）——某种色相通过加入不同比例的白色或黑色而产生不同的颜色明暗程度。

·色调（Tone）——纯色和灰色组合产生的颜色，也可以说是一幅画中画面色彩的总体倾向。

·色环（Chromatic Circle）——又称为色轮，是一种按照色彩序列进行的首尾连接的呈现方式，最为普遍的是12色环或者24色环。在网页配色方案过程中，色环是最重要也是最实用的工具之一（图1-12）。

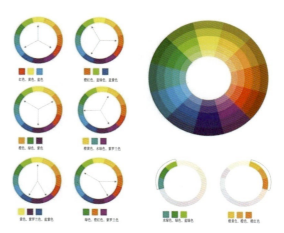

图1-12

3.网页的文字

网页设计最重要的诀窍就在于便于阅读。这就意味着，网页内容与背景色之间要和谐共处，既不能闹独立，也不能太让人忽视。具体来讲，浅色背景下最好使用深色的文字，反之也一样。尽量不用特殊字体，因其易受浏览方式影响。文字的规格设定要符合人的阅读习惯，既不能太小，也不能太大。文字太小，阅读起来费力；文字太大，显得版面不干净，看起来不美观。字体也不要弄得五花八门，正所谓"物极必反"。作

图1-13

为网页设计的新手，往往在设计版面时过于激动，生怕文字被忽视，三四种文字齐齐上阵，不仅有各种颜色的背景，还有各种闪闪发光的效果，最终弄得版面拥挤不堪（图1-13）。

另外，最好将文本设置为左对齐，或者左右对齐，标题居中，因为这符合读者的阅读习惯。通常，规范的网页正文文字在12号字左右，但笔者比较偏好11号或者10号字，字小一些，版式上会显得更加整齐、美观。当然，具体的大小还要靠设计师根据网站风格和要求自己斟酌。

4.网页的导航条

其实，有关网页的导航条设计问题在网上或者许多教材中都谈得很多，多聚焦于如何设计精彩的、经典的导航条。笔者在学习网页设计之初也对这个问题非常着迷，总认为导航条就是网页设计的精髓，它使得网页和其他的阅读媒介有所不同。可是，随着对网页设计的理解逐渐趋于成熟，其看法也有所改变——导航栏的用户体验友好、清晰并容易操作才应是重点。技巧是使用清晰、简单易懂的文本，尽可能把这个网站的内容讲清楚，导航条的按钮就是这个网站的分类，用户点击之前能明白打开的是这个网站哪个方面的内容，同时，了解从哪个按钮返回或者回到主页也很重要。这样用户不但不会感到困惑，反而能够清楚知道他们点击的内容。如图1-14所示的日韩风格的房地产家居主题的网站，导航条简洁、清楚，进入二级页面之后也很容易知道自己的坐标，并迅速定位。

图1-14

最坏的情况是，浏览者进入网站之后犹如迷宫，既不知道要去往哪里，也不知道自己身在何处（图1-15）。

另外，网站的搜索框的设定，如果把搜索框作为导航栏的一部分，不仅可以节省更多的空间，还能给用户呈现单一且实用的导航栏（图1-16）。

图1-15

图1-16

5.网页的"统一"设计

网站设计越来越受到人们的关注，一个精彩的网站要么精致夺目，要么高端大气，要么可爱甜美，要么艺术气质十足……无论哪种风格的网站，同一个网站里面所有的网页都应当风格一致，在保证视觉效果的基础上做到所有的图像、正文字体、标题字体、辅助图形等风格统一，贯穿全站。相同层次的图像应采用统一的效果，比如一个介绍西式糕点的网站，在展示糕点样式的图片安排上就要做到图片尺寸、比例、图片框（如果有框的话）、图片底色、糕点名称都具有同样的设计风格。如果有些图片用方形，有些图片用椭圆形，有些底图颜色是白色，有些底图是蓝色，那么在整个网页版面上就会让人眼花缭乱。

如图1-17所示，左、右两图对比，左边的图片给人以杂乱、低端的感觉，右边的图片相比之下要整洁、干净许多，原因在于左边的图片不仅底色不同，糕点本身的颜色也不同，很难协调。

图1-17

在实际设计过程中，要想保持网页风格一致，最好的办法就是先做一个"模板"，将网站中的Logo，主要的标题、文字，修好的图片等元素都设计好，然后按照第一个模板进行替换。虽然这是一个最简单有效的办法，但却不一定能发挥出设计师的聪明才智，希望有志于从事网页设计的人们能从中找到自己的金钥匙。总的来讲，要想网站风格统一就要做到颜色搭配一致、网站结构一致、网站专用元素一致，等等，这样读者看起来才会舒服、顺畅，对网站留下一个"很专业"的印象（图1-18）。

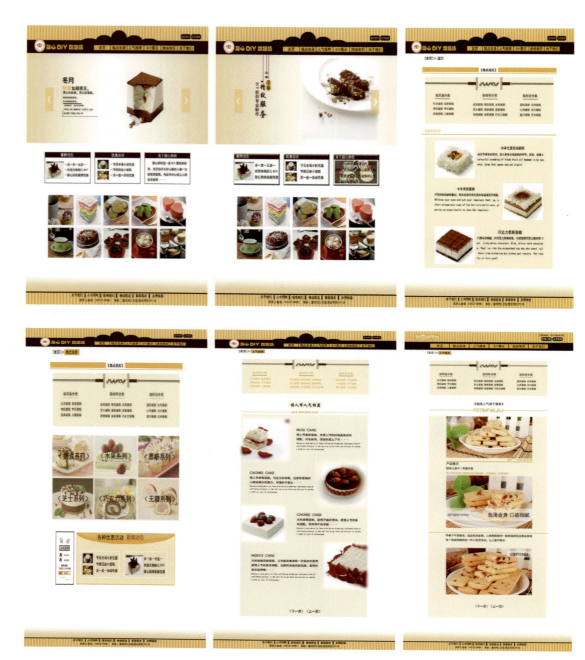

图1-18

第二课　网页设计趋势

课时：3课时

要点：扩展学生的眼界，对现阶段网页设计大致的趋势和风格进行归纳、总结。引导学生对最前沿的网页设计发展方向进行探索和思考，培养敏锐的设计嗅觉，提高学生自学能力。

　　从网页设计开始被关注至今已经有十余年历史，新的工具、软件被不断开发，技术革新也呈加速度发展，网页设计的编辑不再拘泥于晦涩难懂的代码和命令，操作上更加简单、方便，体验上更加友好、人性化，视觉表现上精彩纷呈，风格各异。

　　许多优秀的设计师和团队一直致力于最前沿的探索和思考，而设计革新之路却如同时间的尽头，远无边际。作为网页设计的新手，我们在适应现代设计潮流的同时，不妨对现阶段网页设计大致的趋势和风格做些归纳、总结，并灵活运用在自己今后的设计中，只有这样才能跟上时代的步伐，甚至引导潮流，否则将只是外行看热闹而已。

1.网页布局设计

　　目前常见的网页布局设计（Web Layout）方式有以下几种。

（1）静态布局（Static Layout）

　　静态布局又称为传统Web设计，在页面设计之初，设计者都是按照预先设定的计算机尺寸来设置的。在遇到显示终端屏幕大小不同时，能通过横向或纵向的滚动条拖动实现完整浏览。

（2）自适应布局（Adaptive Layout）

　　自适应布局是一种分别为不同分辨率的屏幕设置的布局。其特点是我们看到的页面在不同的屏幕下显示出来的元素位置是不同的，它们会自动适应屏幕显示比例，但元素大小保持不变。自适应布局是静态布局的延伸版。

（3）响应式布局（Responsive Layout）

响应式布局是指页面元素可以随着不同尺寸和分辨率的显示器自动适配。响应式网页布局所具备的良好的适应性和可塑性是如今大量新设备作为显示终端的必然发展趋势，这种设计趋势可以使网页无论在智能手机还是iPad，或者宽屏计算机上都能达到最好的视觉效果。如图1-19所示是某网站在不同分辨率的两个屏幕显示的效果。

图1-19

图1-20是同一品牌网站在不同的显示终端上呈现的视觉效果。

图1-20

响应式布局与传统设计的理念和技术有很大差异，是未来网页设计发展的新方向。如图1-21所示的网站，就是利用响应式布局技术设计实现的，不同的显示终端打开的效果不尽相同。

图1-21

当然，值得注意的是，由于网络4G普及程度不够、网速慢等诸多原因，导致国内能够直接做响应式布局设计的客户还不多。根据"5秒原则"，用户5秒内打不开一个网站就会选择关闭。而通常来讲，响应式网站会耗用较长的时间加载，所以，国内大多数网站采用的还是计算机和移动设备显示终端分开设计的方式。

2.视差滚动设计

视差滚动设计（Parallax Scrolling Design）是指让网站上的页面用多层背景以不同的速度移动，从而形成一种视觉上的3D空间运动效果，引导用户完成响应的交互体验。这在网页视觉显示上可以说是独树一帜、另辟蹊径的做法，但效果非常独特、有趣，是近年来网页设计中备受推崇的一种设计。

我们来看看The Capitol的网站设计，它是基于《饥饿游戏》主题来进行设计的。网站风格独特，用色大胆，大量使用的冷色调与网站高冷的调性一致。网站整体设计并不复杂，亮点在于它使用了视差滚动的设计。网站使用大量的信息、视频和其他内容让用户与之互动，使之感觉仿佛置身于电影之中。网页视觉效果如图1-22所示。

图1-22

图1-23中的这些网站都是视差滚动设计的典型例子。

图1-23

3.无限滚动加载

无限滚动加载（Infinite Rolling Load）又被形象地称为瀑布流分页模式。这种无限图片滚动加载的效果靠插件jQuery实现，整个网页内容再多也无须鼠标拖动滚动条来浏览。例如，人流量很大的一些公众网站，如Facebook、Twitter等，视觉表现为参差不齐的多栏布局，随着页面滚动条向下滚动，这种布局会不断加载数据块并附加至当前尾部，用户只需轻轻滑动鼠标就能实现图片的全部阅览，几乎不用任何其他操作，这将鼓励访客在网站停留更长的时间，这是近两年比较流行的一种网站页面布局形式。最早采用此布局的网站是Pinterest。国内有名的花瓣网也是采用这样的加载技术来实现的（图1-24）。

图1-25中的HTC网站很有特点。浏览者进入网站后，只需滚动鼠标，画面就会渐大显示，大到极限后又会自动跳转至另一个页面。还有一个特别之处，就是该网站中网页文字的动态抖动效果，让人印象深刻。

图1-24

图1-25

图1-26是国外著名的Lieber大脑发展研究所的官网设计。进入网站后，我们看到的是一个动态的犹如宇宙遨游的动画效果，鼠标可以前后滚动，实现前后景物推移的神奇效果。其背景是一些游动的网状星云，随着鼠标滚动，一些小的光斑会逐渐变大，形成圆形的图标。当鼠标移动到这些图标上时，浏览者可以直接点击进入下一级内容。这个设计构思非常独特，视觉效果也很精彩，让人过目不忘。

图1-26

图1-27是一个非常有趣的体育类主题的网站设计。这个网站的亮点在于用户可以通过鼠标移动来阅读一个动态的版式构成效果，可以随意回放一些自己喜爱的元素构成，交互式响应做得很到位，配上网站有节奏的背景音乐，参与感十足。

图1-27

4.全屏大图设计

随着网速的不断提升，网站里面的全屏大图设计（Design of Full Screen）越来越普遍，大图的视觉冲击比零散的小元素组合在吸引用户的效果上占有绝对优势。从国内客户对网站设计的要求分析来看，这一类注重视觉表现效果的网站多用于摄影团队、个人作品集展示、艺术设计，或者塑造企业文化品牌形象类主题。这种设计主要以摄影图片或经过合成特效的图片展示为主，以少量的文字进行配合，对页面进行精心布局、排版，同时对色彩的运用也能恰到好处，这也是视觉设计在网站中越来越重要的趋势体现。

图1-28是2014年评出的最潮网站设计之一，网站使用了大量的大图作为背景，视觉表现非常舒适、淡雅。网站使用白色的文字和幽灵按钮，在深色背景下看起来相得益彰。

图1-28

5.扁平化模式

扁平化模式（Flattening Mode）并不是把立体效果压扁，而是在设计时反其道而行之，丢弃复杂的装饰性的设计，削弱厚重的图片阴影效果，使用细微的纹理、纯色微渐变以及简洁的设计布局和符号化元素的排版。有人形容说这类设计类似于"Windows 8和Metro UI"的界面。扁平化的概念最核心的地方就是让"信息"本身重新作为核心被突显出来，提倡极简美学的设计理论。可以说，扁平化模式是对之前所推崇的拟物化设计的颠覆。在视觉装饰大行其道的今天，这种另辟蹊径的做法突显了一种新的设计思维。图1-29所示的图片就是以扁平化极简风格为理念的网站设计。

图1-29

6.三维动态效果

三维动态效果（3D Dynamic Effect）在视觉上对网页设计提出了更高的要求。随着以介绍产品为主题的网站的爆炸式增长，在产品介绍时通过三维技术进行效果演示越来越普遍，但其在技术门槛上的要求也相对较高，所以发展速度相对缓慢。网页设计三维动效在技术上包含UI（界面）设计与交互设计、工业造型与渲染、视频剪辑以及HTML5等跨专业技术融合（图1-30）。

图1-30

随着技术的不断革新，三维动态效果在执行上有多种选择。既可以通过WebGL技术实现，又可以编辑代码执行动态行为（如HTML5的应用），既可以直接插入视频文件播放，又可以利用多角度的系列图片剪辑而成，还可以通过一些动画软件，如Flash等进行设计。

图1-31所示的这些网站显示效果就是典型的动态特效，大家可以进入网站，亲身体验一下动态网站带来的精彩。

图1-31

第三课　网站类型

课时：3课时

要点：列举当下网络站点的几大类型，分别对其特点和功能进行阐述，并要求学生在将来的设计中能合理应用。

随着网络信息的不断发展，网站类型也越来越丰富，网站的功能划分更加明确，不同的网站有不同的特点和受众人群，不同类型的网站丰富了互联网的内容，也丰富了我们的精神生活。在种类繁多的网站中，大致包含了下面几种常见的网站类型。

1.门户网站

门户网站是访问量非常大的公众平台网站，每天点击量在上亿条。这类网站信息量非常大，包含实时新闻和查询内容，且分类明确，如经济、军事、民生、健康、文化等各个方面的内容，用户可以根据自己的喜好在里面畅游。国内知名的新浪网、搜狐网、腾讯网、站长之家等都属于大型门户网站，是互联网的最重要组成部分（图1-32）。

图1-32

2.交易类网站

交易类网站是利用网络这种便捷的媒介展示商品，以此达成购买意愿的一类网站，其中也包括发布各类信息以实现成交意愿的行业网站，如B2B、B2C、C2C等。国内知名的交易类网站有阿里巴巴、京东、58同城、智联招聘等（图1-33）。

图1-33

3.专业网站

专业网站通常包括行业资讯、产品广告发布、休闲娱乐等项目，如教育培训行业网站、艺术文化类网站、旅游服务行业网站等。举个例子，休闲娱乐类型的网站主要是以休闲娱乐为主题，这类网站所占的比例相当大，用户人群也最多，通常流量较大，每天有上千万的流量。它符合现代人解压的心理需求，比较有名的有优酷网、爱奇艺、土豆网、凤凰网，以及一些音乐、游戏类网站（图1-34）。

图1-34

4.论坛

论坛又称为网络论坛BBS，全称为Bulletin Board System（电子公告板），或者Bulletin Board Service（公告板服务）。比较有名的论坛有百度贴吧、天涯论坛、知乎等。论坛为网友提供了一个虚拟的交流平台，既可以只浏览，也可以注册账号，登录进去后可以某个虚拟的身份发言、回复信息，实现信息交流的目的（图1-35）。

图1-35

第一单元 "一览了然" ——网页设计基础

5.政府网站

政府网站由政府和事业单位主办，内容通常比较权威，是政府对外发布信息的平台。目前国内政府和事业单位基本都有自己的网站（图1-36）。

图1-36

6.企业网站

企业网站是互联网网站数量最多的类型，现在几乎每一个企业都有自己的企业网站。企业网站内容包括企业的新闻动态、企业的产品信息、企业的简介、企业的联系方式等。企业网站是企业对外展示的窗口，也是企业销售产品的最主要方式。我们学习网页设计，服务对象最多的就是此类型的网站（图1-37）。

图1-37

7.个人博客

个人博客或个人网站，是个人对外发布信息的平台。现代人自我展示和交流的意愿非常强烈，不少人都有自己的网站。这类网站往往更多的是追求个性和特色的表现，属于设计类网站比较出彩的一部分。

第二单元
"水清石现"——网页设计流程与推广

课　　时： 16课时

单元知识点： 本单元主要讲解一个网站从策划设计到最终实现的流程，重点分为前期的策划和定位，中期的网站原型界面设计和后期的实现与推广。通过本单元的学习，让学生对网站的诞生有一个宏观的认识，并且熟悉每一个步骤和环节，为下一步具体的实践应用打下坚实的基础。

第四课　设计流程

课时： 8课时
要点： 旨在让学生从全局出发，了解熟悉网站从诞生到实现的过程。

　　作为专业的网页设计师，一套科学可执行又高效的工作流程是非常必要的。在最初接触网页设计这个行业的时候，设计者往往关注的是学习哪个软件最能证明自己的能力，网页的设计效果要如何更加出彩。尽管有着新人特有的激情和执着，但设计者在设计过程中常常会遭遇反复修改，让其陷入"出师未捷身先死，长使英雄泪满襟"的窘境。然而，这一切的关键在于，你得学会走流程，这是一套聪明又高效的操作方法。为了让更多的新人少走弯路，本课将对网站设计的工作流程做一个梳理，它同样适用于其他行业的设计工作。

　　什么是工作流程？工作流程是指工作事项的活动流向顺序。工作流程包括实际工作过程中的工作环节、步骤和程序。工作流程的组织系统中，各项工作之间的逻辑关系是一种动态关系，通俗地说就是一件事情，先做什么，再做什么，接着做什么，最后做什么。如果放在需要多人参与的工作里面，它能让大家都明白事情的先后顺序，避免某些误解。在网页设计工作中，工作流程可以帮助客户和设计师了解项目进度和过程，这将大大有助于设计工作的开展和沟通。不仅如此，还有更重要的一点——知道客户的预算，这取决于设计师项目建议书的服务内容。要提醒设计师注意的是，和客户沟通首先要做到专业细致，就连准备要问的问题都要提前记录在小本子上；和客户交谈时，既要表现出专业素质，又要细心周到，不要认为客户不懂而去敷衍客户，也不要因为"术业有专攻"而过于卖弄。

　　图2-1用一个漂亮的小图例清楚表达了一套完整的网页设计流程，这套流程可以拆分为8个步骤。

图2-1

1.客户需求

在做网站之前，设计师必须对客户需求有足够的了解。了解什么呢？首先，要知悉客户的要求是什么。设计师要详细了解和深入分析客户的真实需要，是重在推广企业文化本身还是推销产品，这在需求主次上是不同的，甚至有时候，客户自己会矛盾、迷惘，这就需要设计师为客户"把脉"。设计师最好能直接参与沟通，反复推敲网站的特点、背景、预期等，对网站进行准确定位。具体的做法就是先确定网站的风格、色彩、基本元素等，再把网站结构用一种叫作树状结构示意图的方式表现出来。

在这里，我们以重庆人文科技学院网站为例进行具体介绍（图2-2）。

图2-2

可以看到，导航条上分别有11项内容，每一项都可以下拉跳转多项内容，如倒数第4项是"数字校园"，鼠标移动到此时会弹出"教务管理系统""数字网上办公"等7个选项，用户选择需要的内容点击进入，便可从首页跳转到该内容页面，实现超级链接。结构这么复杂的网站，用直观的树状结构图来表示即图2-3所示的样子。当然，这里显示的只是二级页面的内容，如有需要，还可以往下细分至三级页面的结构示意。

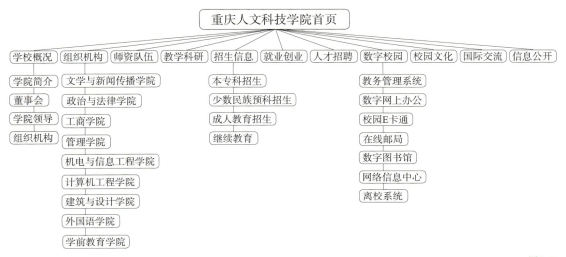

图2-3

树状结构图既有利于设计师理清思路，又能让客户明白网站做完之后的大致内容，同时还可将整个设计周期列出详细的时间表，保证设计工作顺利有序地进行。这一步是进行网站设计的前提，也是整个网站结构的基础架构。

需要提醒设计师的是，在没有签订合同前，不要随意提供初稿或者设计意向稿。在双方沟通良好的基础上，尽心为客户拟定一份项目建议书，详细约定双方的职责和权力，确定设计理念、时间流线以及系统应用程序和软件、价格，约定付款条件，提供版权事项和审批程序的建议。仔细将建议书逐条讲解给客户听，双方达成一致意见之后即可签署合同。这样不仅能最大限度地保护设计师的时间和精力不会被无谓地浪费掉，而且还能确保后续所有工作都严格按照合同的要求进行。

2.收集资料

了解了客户需求后，就可以正式开始对这个项目进行资料收集与整理，这是非常耗费时间但又相当重要的一步。如果能够从客户手中拿资料是比较省心的，但是，在实际工作中，往往需要设计师去逐一筛选。甲方的标志、标准字以及必要的高清晰度的图像、图形元素和文字，都要提前拿到。有些时候，客户要求设计师能为网站拍摄高清唯美的图片，也必须得准备，相关辅助资料越齐全越安全。拿到相关资料之后，要注意对其进行细分和归纳，按照需要进行分类，文字整理，美化图片，处理相关视频、音频等，可分别建立文件夹，以便查找。前期如有问卷调查，也需要对调查结果进行概括总结。

3.网站策划

网站策划是准确实现网站建设目的的前提和依据。设计离不开策划，不同的网站设计公司对前期的策划有不同的要求。总的来说，主要有以下几个方面的内容。

（1）网站定位

①建站前的市场分析：主要考虑目前相关行业的市场特点如何，能否在网络上进行网络业务。

②竞争对手分析：主要考虑同行业内部最大的竞争者的网站特点、功能和效果。

③自身产品分析：主要考虑自身条件、市场优势、利用网站能提升哪些竞争力。

（2）网站功能设计

网站功能设计主要考虑建站的核心目的是什么：是做形象宣传，还是商品展示、线上销售？根据网站的功能划分，确定网站要实现的目的。

（3）网站结构规划

根据网站建设目的确定网站的结构导航，结合前期所做的树状结构图进行科学系统的归纳、分区域规划。

一般的企业型网站包括公司简介、企业动态、产品介绍、客户服务、招贤纳士、联系方式、在线留言等。如果还需要细化，可以在公司简介里面包含发展历程、核心文化、领导风采等；客户服务里面包含合作伙伴、服务类型、服务宗旨等。

4.原型设计

接下来，设计师需要将书面的页面内容转换成原型线框图，并对每一个网页作详细的布局分配。原型线框图是设计师和客户沟通的最佳媒介，在原型线框图里需要设置各个页面的方位、布局以及二者之间的跳转关系等。这些重要的工作我们可以通过原型设计软件来实现，如由美国Balsamiq工作室推出的快速原型设计软件Balsamiq Mockups、手绘风格的开源原型设计软件Pencil Project，还有一个小型的免费针对非技术型用户的原型设计工具Prototype Composer。目前比较主流的是被俗称为"人品软件"的Axure RP软件（图2-4）。

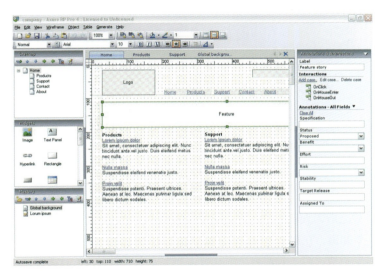

图2-4

Axure RP软件是美国Axure Software Solution 公司的旗舰产品，它是一个专业的快递原型设计工具，让负责定义需求和规格、设计功能和界面的原型设计者能够快速创建应用软件或Web网站的线框图、流程图原型和规格说明书等。

简单地说，"原型"是在项目前期阶段的重要设计步骤，主要以发现新想法和检验设计为目的，重点在于直观体现产品主要界面风格和结构，并展示主要功能模块以及二者之间的相互关系，不断确认模糊部分，为后期的视觉设计和代码编写提供准确的产品信息。

这是至关重要的一步。用一支笔、一张纸画出原型示意图的设计师也不少，毕竟，这只是原型实现的工具，真正的方案存在于设计师的脑子里，只要你能顺畅地和客户达成共识，有什么方法是不可以实现的呢？图2-5至图2-8就是一些设计师手绘的Web框架草图。

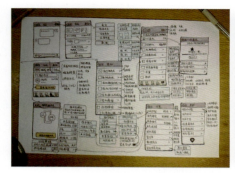

图2-5　　　　　　　　　　　　　　　　　　　　　图2-6

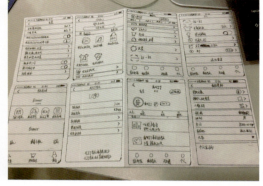

图2-7　　　　　　　　　　　　　　　　　　　　　图2-8

　　网站原型设计好之后，大致的形态就确定了。这时候，可以及时提出需要修改的地方，并在讨论之后做出调整，要知道，在这个环节进行调整是最省时省力的。

　　整个网站的雏形形成之后，我们将试图让每一个页面丰满起来，这时需要使用图形图像设计软件，让网页实现好的视觉效果。这是大多数网页视觉设计师最喜欢的步骤，因为终于要开始展示设计师的实力了，接下来就是网页界面设计。

5.界面设计

　　在网页出现的早期，和设计发展的早期阶段一样，网页设计是以功能性为第一指导原则，以技术因素为主要考虑对象，以完成或实现必要的功能为目标。由字符组成的界面可以起到基本的信息传达作用，同时因技术要求相对较低，易于实现，并且有较好的稳定性，故这种形式的界面在很长一段时间内是人机交流的主要形式。在这样一个内容丰富、信息繁杂的巨大网络世界里，网页界面设计必须以其强有力的视觉冲击效果来吸引浏览者的注意，进而使特定的信息得到准确迅速的传播。在社会文化高度发达的现代社会，人们因文化素质的提高和价值观念的变化，生活情趣和审美趣味更趋向于简洁、单纯。简洁的图形、醒目的文字、大的色块更符合形式美的要求和当今人们的欣赏趣味，给人以悦目、舒适、现代的感觉以及美的享受，令人百看不厌，且回味无穷，浮想联翩。之前由于网页设计缺乏"翻译"软件，几乎所有的网页都是由计算机程序人员进行编程，通过计算机语言编写代码来实现，较难在视觉表现上达到让人赏心悦目的效果。而现在随着科技的不断进步，设计领域的软件层出不穷，一些拥有"所见即所得"功能的网页设计软件完全能够将网页的视觉设计和网页的交互功能进行较好的衔接。网页设计由单一的专业领域向着学科交叉的方向不断发展，视觉传达专业的设计师往往能更好地胜任网页界面设计的工作。视觉传达设计的过程，是设计者将思想和设计概念转变为视觉符号形式的过程，即概念视觉化的过程。对信息的接收者来说则是相反的过程，即视觉概念化的过程，贯穿和联结两个过程的是信息。在网页设计中，图形符号具有很强的直观性和审美一致性，但在信息传达明确性方面却又不如文字，甚至有时会出现"误读"的可能，这就要求网页界面设计的水平必须达到满足浏览者审美的新高度。在界面设计中，要求信息的发送者和接收者之间必须具备部分相同的信息知识背景，否则在两者之间就必须存在一个翻译或解说系统作为中间媒介来进行沟通。

行业细分催生出更为专业和系统的网页设计师工作流程，如今的网页设计被划分为网页前端设计和后台程序实现两大部分。

6.合成效果

如果说网页的界面设计被算作网页前端设计的话，那么后续的网页视觉展示和功能实现就可以算作后台程序的一部分了。网站网页的功能实现有静态的，也有交互性动态的，前者开发比较简单，而后者相对比较复杂。网站常用的开发语言有ASP、JSP、PHP、HTML、DIV+CSS、JavaScript、Java等，有些相同的功能可以用不同的程序语言去开发。网页要实现的功能越多，所运用的开发语言也会随之增加。例如，开发一个电子商务网站，主要掌握的程序语言就包括PHP+MySQL、HTML、DIV+CSS、Flash、JavaScript。当然，本书中主要讲述的是静态网页附加部分简单交互功能的内容，这也是目前最为常规的网页设计类型，书中主要的合成效果可以通过Photoshop设计网页界面和Dreamweaver实现网页交互功能。

7.测试修改

完成了网页设计，一个网站的雏形就基本形成了。但设计师还需要对它进行检测，排除网页在编辑过程中的疏漏之处，以保证将来网站的良好运行。这一部分一般会有专门的后台程序人员进行。

Web测试主要包括输入框中的数值测试，注册、登录模块测试，上传图片功能检测等方面；还有网页的链接测试，主要是保证链接的可用性和正确性，它也是网站测试中比较重要的一个方面，可以使用特定的工具，如XENU来进行链接测试。在测试环节中，下列情况需要特别注意：

①在测试时，与网络有关的步骤或者模块必须考虑断网的情况。

②每个页面都要有相应的Title，不能为空，或者显示"无标题页"。

③在测试时，要考虑页面出现滚动条上下滚动时，页面是否正常。

④URL不区分大小写，其对大小写不敏感。

⑤对于电子商务网站，当用户购买数量大于库存的数量时，系统如何处理。

⑥测试数据避免单纯输入"123"或"abc"之类的字段，让测试数据尽量接近实际。

⑦进行测试时，尽量不要用超级管理员身份进行测试，可用新建的用户身份进行测试。测试人员尽量不要使用同一个用户进行多次测试。

⑧测试提示信息是否完整、正确、详细。

⑨测试是否提供帮助信息，帮助信息的表现形式（页面文字、提示信息、帮助文件）是否正确、详细。

⑩测试可扩展性，是否有升级的余地、是否保留了接口。

⑪测试稳定性，运行所需的软硬件配置、占用资源情况、出现问题时的容错性、对数据的保护。

⑫测试运行速度，运行的快慢、宽带的占用情况。

除此之外，还有返回键检查、回车键检查、刷新键检查、直接URL链接检查、界面和易用性测试、兼容性测试、业务流程测试（主要功能测试）、安全性测试、性能测试等测试项目和内容。由于篇幅限制，无法一一列举所有的测试与修改项目，总而言之，一个网站的诞生，需要万全的检测和准备。

8.安全维护

安全维护是一个网站存活的基本保证，网络上传之后有专门的安全维护人员负责进行监控，主要包含两方面的内容：

①网站安全保障措施。用户管理维护：每天对网站的信息进行维护（删除无效信息，备份有效信息）；网站安全维护：对网站所有数据进行定期查毒、杀毒，保证系统的安全性与稳定性，使网站能够长期稳定运行；系统数据备份：对网站数据进行每周一次的备份，刻录成光盘，以免由于网站因为不可抗力而造成数据丢失；网站软硬件维护：网站的软硬件定期维护，确保网站24小时不间断运行。

②信息安全保密制度。隐私权是客户的重要权利，客户基于信任向设计方提供的个人信息必须得到有效的保护。

第五课 发布推广

课时：8课时

要点：使学生了解和掌握网页设计发布推广的方式和步骤，并尝试实际操作完成。

　　要想网站真正地被"销售"出去，必须先将整个网站源代码及其他数据上传至互联网的虚拟空间（又称为主机），然后发布这些信息，将网站公之于众，而不是仅仅存在于设计师自己的计算机里孤芳自赏。就如同编辑了一本书，将它印刷完成之后还要公开发行一样。书的公开发行需要ISBN书号，网站的发布也同样需要一个身份的验证码。要使网站上传成功，需要具备两个条件：一是域名，二是能承载网站源代码的空间。作为设计师，应该了解和掌握一些基础知识。网站发布的步骤过程主要有以下几步。

1.域名及申请方式

　　域名是指网站的名称。通过这个名称能很快搜索到它的地址，也就是一个方便记忆的网址。在互联网世界里，域名相当于坐标，每个网站都有域名，比如我们非常熟悉的百度、新浪等门户网站，它们的域名就是www.baidu.com和www.sohu.com。我们在地址栏里输入这个网址，就能很快找到这个网站（图2-9）。

图2-9

那么，这么重要的域名又是怎么得到的呢？我们在网络上随便一搜就能找到很多提供购买域名的服务，但并不是说随随便便在网上买一个域名就可以使用，其中还有许多的参考条件。一个好的域名，不仅可以提升网站的知名度和点击率，还能为网站赋予一定的权威值，增加权重。因此，在购买域名之前需要注意以下几个方面的事项。

（1）域名结构

域名是由点号分隔开的两组或两组以上的词组成的，点号右边称为顶级域名。不同的顶级域名代表不同的含义，常见的顶级域名分为以下6种。

①.COM：英文全称是Commercial，一般用于商业机构。任何个人或公司都可以申请注册，它是最常见的顶级域名。如淘宝网网址www.taobao.com，其申请到的域名就是".taobao.com"（图2-10）。

图2-10

②.NET：英文全称是Network，一般用于从事与Internet相关的网络服务的机构或公司，是建立全球商业品牌、国际化形象的第一选择。任何人都可以注册以.NET结尾的域名。如华军软件网网址www.onlinedown.net，".onlinedown.net"就是其域名（图2-11）。

图2-11

③.ORG：英文全称是Organizations，是为各种非营利组织设定的。任何人都可以申请注册。如中国共青团网址www.ccyl.org.cn，".ccyl.org"就是其域名（图2-12）。

图2-12

④.GOV：英文全称是Government，是政府部门的官网，一般用来发布官方信息。如重庆人力资源和社会保障网网址www.cqhrss.gov.cn，".cqhrss.gov"就是其域名（图2-13）。

图2-13

⑤.EDU：英文全称是Education，是互联网通用顶级域名之一，主要供教育机构，如大学等院校使用。如西南大学网址www.swu.edu.cn，".swu.edu"就是其域名（图2-14）。

图2-14

⑥.cn是china的缩写，代表中国，这是按国家名定义的域名。其他国家也有这种域名，例如，.jp是日本，.ca是加拿大。

（2）域名选择

首先，很多新人在申请域名时可能会去征求专业者的意见。据笔者所知，有种说法是.com比.net好，但这种说法也有待进一步验证。有人曾经做过一个实验，将.com和.net两个不同的域名后缀进行申请并同时解析到一个虚拟主机中，在同样天数的条件下，两种域名被同时收录，但.com域名根本排不上号，相反，.net域名在百度搜索引擎中排名反而靠前。这说明，网络高速发展情形下旧经验的尴尬，.com域名不一定就优于.net域名。

其次，还有种说法是简短的域名好过冗长的域名，笔者认为这个说法要辩证地看。从SEO技术的革新和我们在多次尝试中得出的结论可以发现，域名的长短其实对搜索引擎而言没有太大的差异，反而是域名中有合适的匹配词语才会突显其效果。域名的选取以容易记忆为原则，最好与网站的名字相契合，比如www.baidu.com就是一个简单易记并且和站名相关的域名。很多网站会用中文的拼音作为域名，如taobao等，这样不仅简单好记，而且方便客户搜索。

综上所述，我们在学习知识和理论时，不要被旧的思维定式和经验禁锢住了头脑，应该持有一种怀疑的态度去看待现有的知识，这样才能有所斩获，必要时还可以"试错"，说不定另有一番收获。

（3）域名申请

域名分为免费域名和付费域名。免费域名一般是指免费二级域名，一些投资商通过注册简短的域名来提供免费二级域名服务，注册者可以免费注册一个格式为"你的名字+二级域名"的域名，然后利用"你的名字+二级域名"实现域名解析、域名转发等服务功能。付费域名一般是某公司的网址，需要缴纳年费。商用域名的申请会比较麻烦，需要签订合同。在申请域名时，应尽量选择一线域名商的网站进行注册。

下面以域名商花生壳为例，具体讲解一下域名申请的步骤。

①去花生壳注册。经过简单的资料采集，获得身份认证后即可注册成功。花生壳网站会赠送一个免费的域名（图2-15）。

②如果这个域名不是自己想要的，可以进入网站首页，单击"域名建站"，进入免费域名里面修改（图2-16）。

图2-15　　　　　　　　　　　　　　　　　　　　　　　　　　图2-16

③先在输入框右边小三角形处的下拉菜单中选择所需要的域名类型（.com、.net、.gov等），再在输入框中输入自己需要的域名名称，单击"查询"按钮，搜索自己想要注册的域名是否已被注册（图2-17）。

④如果我们想要注册的域名已经被他人捷足先登，那么就只能在已有的域名里面选择最接近自己意愿的一个或者多个。需要说明的是，域名申请是支持多选项的，也就是说，我们可以进行批量注册。在我们选择的选项右边，清晰地列出了每年所需的费用，确定之后就单击最右边的"立即注册"按钮，进入"产品购买"页面（图2-18）。在填写域名持有人、联系方式等资料时，建议申请人如实填写，因为有时域名购买需要核实申请人的身份信息。当然，该资料的填写是不会对申请人的个人隐私造成任何侵害的。

图2-17　　　　　　　　　　　　　　　　　　　　　　　　　　图2-18

⑤跟所有网购商品的流程一样，确认信息之后即可付款。需要注意的是，申请人只要在7天之内都可以确认付款，超出天数则要重新申请（图2-19）。

图2-19

⑥提交资料至花生壳网，并于一个自然日内将资料的电子文档发到电子邮箱，待其确认后及时将书面资料邮寄至花生壳网。通过新网审核及CNNIC审核后，即算注册成功。当然，付费用户还有个特权，就是直接打电话给客服。

网站有了域名后，接下来的任务就是把这个网站上传到互联网。只有成功上传到网络上的网站才有机会被网友所见。另外，也只有上传之后才能检测出这个网站在浏览过程中是否有问题。FTP上传工具很多，而且各有各的特点。

2.网站发布

（1）网站发布工具

FTP是一种网络上的文件传输服务，包括上传和下载。如何去选择就要看个人喜好和使用习惯，还得结合服务器和各种功能方面的需求。这里介绍几种比较常见的FTP上传工具——CuteFTP、FlashFXP和LeapFTP，这3个文件上传软件被称为"FTP三剑客"。

① CuteFTP（图2-20）

CuteFTP是非常强大的FTP工具之一，拥有友好的用户界面和稳定的传输速度。CuteFTP虽然相对来说比较庞大，但其自带了许多免费的FTP站点，资源丰富。

CuteFTP最新Pro版是最好的FTP客户程序之一，它在旧版本的基础上作了相当大的调整和革新。例如，目录比较、目录上传和下载、远端文件编辑，以及IE风格的工具条，可让你按编列顺序一次性下载或上传同一站台中不同目录下的文件。此外，CuteFTP Pro还提供了Sophisticated Scripting、多协议支持（FTP、SFTP、HTTP、HTTPS）、智能覆盖、整合的HTML编辑器等功能特点以及更加快速的文件传输系统。

图2-20

CuteFTP是一个全新的商业级FTP客户端程序，其强大的文件传输系统能够完全满足目前商家们的应用需求。这些文件通过构建于SSL或SSH2安全认证的客户机、服务器系统进行传输，为VPN、WAN、Extranet开发管理人员提供最经济的解决方案。企业再也不用为了一套安全的数据传输系统而额外破费。

图2-21

②FlashFXP（图2-21）

FlashFXP是一个功能强大的FXP/FTP软件，相比较来讲，它的传输速度快，但有时对于一些教育网，FTP站点却无法连接。它融合了一些其他优秀FTP软件的优点，如像CuteFTP一样可以比较文件夹，支持彩色文字显示；像BpFTP一样支持多文件夹选择文件，能够缓存文件夹；拥有像LeapFTP一样的外观界面，甚至连设计思路也相差无几。支持文件夹（带子文件夹）的文件传送、删除；支持上传、下载及第三方文件续传；可以跳过指定的文件类型，只传送需要的文件；可以自定义不同文件类型的显示颜色；可以缓存远端文件夹列表，支持FTP代理及 Socks 3&4；具有避免空闲功能，防止被站点踢出；可以显示或隐藏"隐藏"属性的文件、文件夹；支持每个站点使用被动模式等。

③LeapFTP（图2-22）

LeapFTP 是一个比较老牌的文件传输软件，具有以下优点：传输速度稳定，能够连接绝大多数 FTP 站点（包括一些教育网站点）；拥有跟Netscape相仿的书签形式，连线更加方便；下载与上传文件支持续传；既可下载或上传整个目录，也可直接删除整个目录；可按编列顺序一次性下载或上传同一站台中不同目录下的文件；浏览网页时，若在文件链接上单击鼠标右键选择"复制捷径"便可自动下载该文件；具有不会因闲置过久而被站台踢出的功能；可直接编辑远端Server上的文件；可设定文件传送完毕自动中断Modem连接。

图2-22

除了这3个主流的FTP工具之外，还有TOTOFTP。这是一款国产的功能强大而又简单易用的FTP工具软件。它集成了CuteFTP和FlashFXP两款软件的优点，并在两者基础上，具有了更好的易用性和实用性。另外，有人推荐FRESHFTP，这是一款免费的FTP文件传输工具，支持多线程传输和续传功能。在网上搜索相关功能的软件可以找到很多，到底哪一款才是自己的最爱，还需要实际运用之后再下定义（图2-23）。

图2-23

（2）FTP上传法

我们以CuteFTP为例，演示一下网站如何上传。需要说明的是，上传仅仅只是FTP的其中一个功能，它是把自己计算机中的资料，通过软件传输到网络的服务器上，使其他有需要的人也能在计算机上进行下载。同样的，我们常常在网上找到心仪的资料信息之后下载下来保存也是FTP的作用。通过上传、下载，实现了互联网时代资源共享的愿望。

FIP上传法的具体步骤如下：

①选用CuteFTP工具前要先安装这个软件，解压工具包，双击文件夹中带".exe"后缀的文件会弹出安装选项框（图2-24）。

②选择适合的地址，单击"Next"按钮（图2-25）。

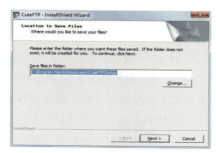

图2-24

图2-25

③单击"Yes"同意软件使用协议，进入下一步（图2-26）。

④勾选"Install a shortcut..."前面的方框，单击"Finish"完成安装（图2-27）。

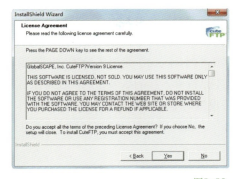

图2-26

图2-27

⑤在桌面上双击"CuteFTP"图标，正式进入主界面（图2-28）。

图2-28

⑥首次进入时，我们会看到一个显眼的对话框。左边的默认项是"输入序列号"，右边选项是"继续"（图2-29）。这里选择关掉这个对话框，因为关于怎么注册的问题不是我们学习的重点，可以使用工具的试用功能。

⑦在主工作界面，选择"File"→"New"→"FTP site..."（也可以使用快捷键操作"Ctrl+N"）（图2-30）。

图2-29

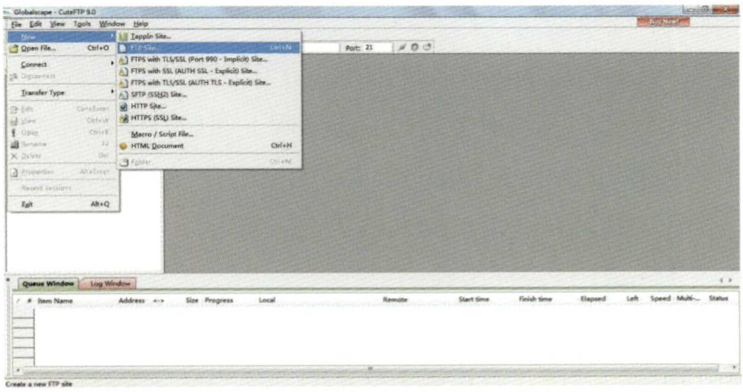

图2-30

⑧如图2-31所示是要告诉计算机一个指令：我们要新建一个主机站（这个站就是我们要将网页上传的地方）。这个选项框需要详细填写关于这个站点的资料。例如，第一项"Label"是为这个标签命名，以便下一次直接搜索这个名称就能找到相应站点。第二项"Host address"的所填内容非常关键，需要填上服务器的所在位置。假设你的服务器位置在清华大学，就填上清华大学的地址；如果是在网上申请的免费域名，那么该网站会提供相应的地址。第三项"Username"是填进入服务器的账号，我们按实际情况填入即可。第四项"Password"是要求检查完账号后输入密码。这里账号密码是指进入该服务器的账号密码，而不是拨号连接的账号密码。通常服务器管理员会告知，账号密码或者就是在申请免费域名时自行设置的那一组账号密码。最后一项"Login method"是进入服务器的方式设置，通常是"Normal"，也就是说需要账号密码才进得去。如果选"Anonymous"，就表示任何人都能进入。

⑨最后进入上传模式设置。选第三项"Auto-Detect"比较方便，它会自行探测文件类型，选择最适合的上传方式。设置服务器端和自己计算机的内部目录，可按照自己的实际情况选择设置，最后按下"Connect"进行连接，等待接通。上传成功之后会出现如图2-32所示的界面。

图2-31

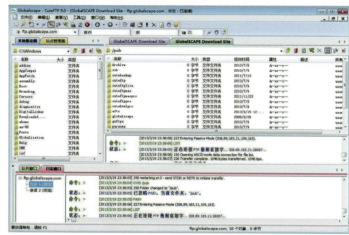

图2-32

（3）Web上传法

通过IE浏览器上传文件，按照"操作向导"一步步操作完成，用户无须培训，可以根据提示自行完成，难度较低。

Web上传法的具体步骤如下：

①打开"我的网上邻居→添加网上邻居→选择另一网络位置"。

②输入FTP服务器地址，如"IP地址"或"域名地址"，即"ftp：//"加上FTP服务器。

③去掉匿名登录，输入FTP账号密码。

④完成FTP空间上传。

现在，设计好的网站已经被存放在网络上，每一位设计师都希望自己的作品能得到肯定和赞赏，那么，怎样才能让毫无联系的人都知道这个网站，都来点击这个网址呢？对了，下一步就进入网站的推广宣传了。

3.网站推广

从严格意义上来讲，网页视觉设计师做到这一步便已经完成对网页的设计工作，但出于对自己设计的整个网站负责的态度，对后期的宣传也可以继续关注。这一步也是网站设计前期调研的重要依据。

网站的推广和宣传是建立在网站本身内容基础上的，不同类型的网站，宣传方式和重点都有所不同，但网站推广的普遍做法是可以"借鉴"的。结合笔者的经验来看，有下面几点可以选择。

（1）网络广告

网络的付费广告是宣传网站最直接的方式，如在一些相关的权威媒体上投放广告，可以为网站带来很不错的流量；我们也可以选择按点击次数付费的广告模式。网络广告可以是静态的，也可以是动态的，包括一些强制弹出却无法在短时间内关闭的广告。最常见的网络广告就是Banner（网站页面的横幅广告）（图2-33至图2-37）。

图2-33

图2-34

图2-35

图2-36

图2-37

还有一些是弹出式的广告框，可以点击关闭的动态广告（图2-38、图2-39）。

图2-38

图2-39

（2）搜索引擎

根据大量数据统计得出的结论显示，网站的流量有52%～65%都来自搜索引擎，有的甚至占到了90%，特别是一些不太出名的网站，浏览者往往依靠搜索引擎的推荐来随机点击进入网站。当搜索引擎无法找到自己的网站时，可以主动向搜索引擎提交你的站点。在搜索框中直接输入"Google搜索引擎提交""Baidu搜索引擎提交""MSN搜索引擎提交"等，都可以告知搜索引擎自己的地址，方便浏览者找到。另外，我们还有一些优化搜索引擎的方法，可以通过优化网站的内容、结构与相关的链接等，使搜索引擎显示出更多的收录网站的内容，甚至还能使网站在搜索结果中有个好的排名。例如，单击百度搜索网站登录口，就会进入"链接提交"界面（图2-40）。

图2-40

（3）邮件推广

目前比较流行的是许可营销的E-mail邮件推广方式。相对于老式的滥发邮件，这种方式更加人性化，可以避免打扰客户，也可以智能筛选一些潜在客户，提高投递的命中率（图2-41）。但是这种推广方式也应适量而行，切勿狂轰滥炸，尽量锁定属于目标消费群的浏览者。邮件推广的软件操作比较简单，通常会外包给一些专门负责寄发邮件的公司或机构（图2-42）。

图2-41

图2-42

（4）交换链接

交换链接也可称为互惠链接，是具有一定互补优势的网站之间的简单合作形式，即分别在自己的网站上放置对方网站的Logo或网站名称，并设置对方网站的超级链接，使用户可以从合作网站中发现自己的网站，达到互相推广的目的。这是一种认可度很高的推广方式，也是资源共享方式的一种。资源共享是指以不同网站为媒介，以交换链接、交换广告、内容合作、用户资源合作等方式，在具有类似目标网站之间实现互相推广的目的。其中最常用的资源合作方式为网站链接策略，即利用合作伙伴之间网站访问量资源合作互为推广。简单来讲，就是每个网站都有一群自己的用户资源，利用自己现有资源与合作伙伴开展合作，实现资源共享，最终达到双赢或者多赢的目标。交换链接是最简单实用的一种合作方式，大量数据研究表明这是新网站推广最为有效的方式之一。

交换链接的作用主要表现在获得访问量、增加用户浏览时的印象、在搜索引擎排名中增加优势、通过合作网站的推荐增加访问者的可信度等，特别是新网站更加需要进入这个专业圈子，以便快速进入用户视线，所以获得其他网站的链接就相当于得到合作伙伴和一个领域内同类网站的认可。值得注意的是，这种联合不能不加筛选，交换对象的价值要等于或者高于自身网站的价值，否则会拉低自身网站的定位。

图2-43是一个设计类的综合学习交流网站——翼狐网。图2-44是翼狐网网页的尾部，我们可以看到"合作伙伴"这一栏罗列出了相关设计类网站的Logo，方便学习者点击。它选择交换链接的这些网站都是同行业内比较有名的对象。一般情况下，几乎所有的网站都默认在最尾部放置交换链接的图标。例如，中华广告网的网站下半部分就全是各种关联链接，这些图标被同行或者同好者点击也都是大概率的事情（图2-45、图2-46）。

图2-43

图2-44

图2-45

图2-46

（5）其他方式

除了上面讲到的那些办法之外，还有很多灵活多变的宣传办法。例如"顺藤摸瓜"，找到一些和自己网站相关的论坛或Blog，可以发一些原创的文章或者讨论些有趣的话题，之后留下你的网址，吸引别人去点击；也可以登录一些高人气的导航站点，权威的网址导航站点可以为新网站带来部分流量，并且提高网站的权重等。

第三单元
"知行合一" ——网页设计实现

课　　　时：16课时

单元知识点：本单元主要针对网页设计制作的各类软件的特点、优势进行分析，并对
HTML代码语言进行详细讲解。重点内容是以网站设计的流程为线索，
通过案例讲解网站从策划到界面的视觉表现过程，这是艺术设计（视觉
传达设计）专业非常重要的实践环节。

第六课　工　具

课时： 4课时

要点： 推荐当下最主流的网页设计工具，介绍其基本用法，并对目前的主流浏览器进行归纳。列举网页设计的各类软件及其特点，并对优劣势进行分析，方便学生自行选择。

1.网页浏览器

在Internet上有许多的网站，每一个网站就是一套具有相关的主题、相同的设计或共同的用途且互相链接的文档。这些文档把我们要表达的信息用HTML语言表达出来，然后通过浏览器将这些标记语言"翻译"过来，并按一定的格式显示，这就是我们平时所看到的网页。根据最新的网页浏览器软件排行榜来看，最受欢迎的浏览器分别是Internet Explorer、Safari、Mozilla、Firefox和Opera等。我们来了解一下它们各自的特点及优势。

（1）Internet Explorer

Internet Explorer是美国微软公司推出的一款网页浏览器。原称Microsoft Internet Explorer（版本6及以前）和Windows Internet Explorer（版本7-11），简称IE浏览器。在IE 7以前，中文直译为"网络探路者"，但在IE 7以后官方便直接俗称"IE浏览器"（图3-1）。

图3-1

（2）Safari

Safari浏览器是Apple的Windows版本，占有4.9%的市场份额（图3-2）。Apple发布Safari的Windows版本，目标是赢得更多的浏览器市场份额。根据Apple所说针对Windows平台的Safari浏览器称为Safari 4，这是目前在Windows平台上速度最快的浏览器。经业界标准iBech测试显示，用Safari浏览网页速度是IE 7的两倍、Firefox 2的1.6倍。

图3-2

（3）Mozilla Firefox

Mozilla Firefox的中文名通常称为"火狐"或"火狐浏览器"（正式缩写为 Fx，非正式缩写为FF），是一个开源网页浏览器。Firefox使用Gecko引擎，支持多种操作系统，如Windows、Mac和Linux（图3-3）。据2013年8月浏览器统计数据显示，Firefox在全球网页浏览器中市场占有率为76%～81%，用户数在各网页浏览器中排名第三，全球估计有6450万位用户。

图3-3

（4）Opera

Opera的中文名为欧朋浏览器，是挪威Opera Software ASA公司制作的支持多页面标签式浏览的网络浏览器（图3-4）。此款跨平台浏览器可以在Windows、Mac和Linux 3个操作系统平台上运行，其优势是快速、小巧，具有比其他浏览器更佳的标准兼容性。Opera浏览器创始于1995年4月，到2016年1月25日，官方发布的个人计算机最新使用版本为Opera 34.0（34.0.2036.50）。2016年2月被奇虎360和昆仑万维收购。

图3-4

2.网页设计软件

除了浏览器，网页设计还离不开专门的网页设计软件。网页设计师最早被称为网页美工，主要负责网站里面网页的图形设计，通俗地说就是只要能使用Photoshop等平面设计软件做出一个看起来像网页的平面稿即可，这属于网页设计最初级的水平。网页视觉设计是在此之后发展出来的能将平面的模板转换为能用浏览器观看的HTML文件，也就是具有超级链接、下载等基本功能的网页。目前有一种被称为网页前端设计的职位，这是相对于后台程序设计来讲的，也是相对来说较为成熟的职务分工的说法。

作为设计专业的从业人员来说，软件的选择至关重要，它关系到设计的网页特色和表现重点。不同的设计师在设计过程中有自己的习惯和设计模式，往往不能一概而论软件的好坏，但总的来说，做好前端设计最需要用到的软件有以下几个。

（1）Adobe Photoshop

Adobe Photoshop，简称"PS"，是由Adobe Systems研发的图像处理软件（图3-5）。Photoshop软件的优势在于图像处理。图像处理是对已有的位图图像进行编辑加工，网页设计初期需要用PS来实现网页图形设计的界面效果，它是必不可少的网页图像处理软件。具体来讲，一个网站的基本色调的冷暖，用蓝色还是白色为主基调，网站的LOGO放在哪个地方，字体的选择，网页中版面的布局怎么安排，文字多一

图3-5

点还是图形多一点，图片需要做什么样的修饰和合成，所有的视觉效果都可以预先在PS里实现。

图3-6　　　　　　　　　　　　　　　　　　　　　　　　　图3-7

图3-8　　　　　　　　　　　　　　　　　　　　　　　　　图3-9

具体操作步骤如下：

①新建文件，如图3-6、图3-7所示。

②界面设计，必要处拉出辅助线，如图3-8所示。

③界面设计之后按需要用切片工具进行切片，如图3-9所示。

④将效果图储存为Web所用格式，如图3-10所示。

图3-10

（2）Adobe Dreamweaver

Adobe Dreamweaver，简称"DW"，是一款集网页制作和网站管理于一身的所见即所得网页编辑器（图3-11、图3-12）。DW让那些对计算机语言不是特别精通的视觉传达设计师也能轻松实现网页制作，利用它可以轻而易举地制作出跨越平台和浏览器限制的、充满动感的网页，是专业级网页制作程序。它支持HTML、PHP、CSS以及ASP等众多脚本语言，同时提供了模板套用功能，支持一键式生成网页框架功能。DW是初学者或专业级网站开发人员必备工具。

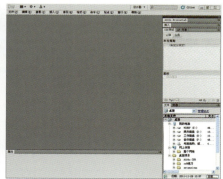

图3-11   图3-12

我们之前说到网页视觉设计师能将平面的模板转换为能用浏览器观看的HTML文件，就是利用了DW的这些功能。那么，直接在网上观看PS做好后上传的网页图片和用DW上传的网页图片有什么区别呢？

首先，PS完成的图片较大，如要上传通常是用.PNG或者.JPG的文件格式。用户在等待图片显示的过程中会有种焦躁的心情，这种感觉相信很多人都有体会，其直接后果也许就是不耐烦地关掉这个网站，那么这个站点就失去了一位浏览者，不仅如此，还无法实现信息传递的功能。这是所有网站都无法接受的失误。而DW在上传过程中，图片被切成很多小片，这样可使上传的速度加快，并且还可多张图片同时上传；另外，具有相同颜色的背景图片能直接以代码形式命令，不用上传原图；含有文字的图片直接在DW里输入文字即可显示，文档文件比图片文件节省大量的上传时间，所以浏览者无须等待就可体验网络畅游的乐趣。

DW还能实现友好的用户体验。例如，读者想要保存网页中的某些文字和图片，可以直接下载，同时还能实现超级链接效果，也就是说，当读者想要了解网页中某一个点的内容时，可以直接点击进去，实现文字、图片或者网页间的跳转，非常方便和人性化。网页中的图片还能以动态的方式显示，这将大大吸引那些现代读者。另外，网页可以节约人力、物力资源，方便修改和及时更新，支持快速储存和信息搜索、归纳、整理，它具有传播覆盖面广泛、时效性和交互性能卓越等特点。这些都是与新型媒介和传统的平面媒介最显著的区别。

网页界面设计完成之后，需要通过Photoshop和Dreamweaver进行编辑。用Dreamweaver软件制作一般的静态网页非常简单、快捷，具体操作如下。

①打开Dreamweaver工具（图3-13）。在Dreamweaver选项中，选择新建一个HTML文件，这是制作网页的前提（图3-14）。

图3-13   图3-14

②进入Dreamweaver主界面后，可以看到生成的标题、TITLE、BODY的相关代码，这是软件自动生成的，可以直接使用（图3-15）。

③在Dreamweaver代码的主界面中，选择代码、拆分、设计这三个选项卡中的"拆分"，因为这样可以更好地看到代码与相关设计表格的调整问题（图3-16）。

图3-15   图3-16

④选择"插入"命令中的表格选项（图3-17）。待选项框出现后，根据个人需要选择表格的行与列，还可以选择相关的标题、摘要。如图3-18所示，选择的是五行五列。

图3-17   图3-18

⑤单击"确定"按钮后，界面会分成上、下两个部分，上面是代码区域，下面是相关表格区域（图3-19）。

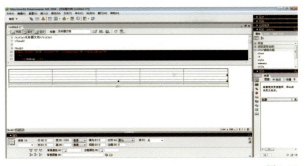

图3-19

⑥表格制作好后，可根据个人需要对表格进行调整，用拖动鼠标的办法来调整表格的大小（图3-20）；也可以在代码中调整网页表格的大小，通过修改长与宽的数值来实现（图3-21）。

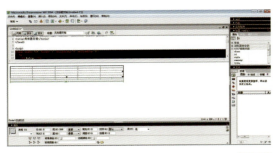

图3-20   图3-21

⑦最后在表格中插入需要的文字、图片、视频等元素，编辑相关属性，完成对网页的设置，最终实现网页效果。

⑧保存文件。在PS中将文档储存为"HTML"格式（图3-22）。在DW中打开文档，你会发现切片均已被转换成了"表格"（图3-23）。

图3-22   图3-23

⑨文件保存好后，可在Dreamweaver页面中按"F12"键浏览网页效果（图3-24）。

图3-24

（3）Flash

懂得计算机编程的专业人士不一定拥有良好的视觉设计水平，人们更需要一种既简单、直观又有强大功能的动画设计工具，而Flash提供的强大的脚本编辑功能正好满足了这种需求。需要说明的是，Flash是矢量图形设计软件，支持多种浏览器显示。它拥有高效的网页动态发布和强大的事件响应、交互功能。网页设计者可使用 Flash 创作出既漂亮又可改变尺寸的导航界面以及其他奇特的动态效果，还可利用Flash独立完成动态网页甚至是网站的建设。Flash是一款实用性相当强的动态画面设计软件（图3-25、图3-26）。

图3-25

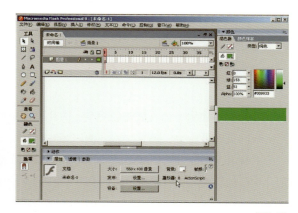

图3-26

（4）Fireworks

Fireworks是Adobe推出的一款图形图像优化软件，也是一款快速构建网站与 Web 界面原型的理想工具（图3-27）。它同时支持矢量图和位图的编辑操作，也拥有强大的资源库以备元素调用。它和前面所说的Photoshop、Flash合称为"网页三剑客"，但这种提法在现在已经被弱

图3-27

化，因为Photoshop CS3以上的版本已经完全将它的优势功能进行了整合。根据目前的行业要求，在网页设计的范畴里面，PS可以完全胜任前期的图形设计和切片优化工作。

（5）ImageReady

ImageReady是Adobe公司开发的一款用于图像优化和小动画制作的软件，在Photoshop CS3之前一直捆绑销售，目的是为了加强Photoshop对网络图像（主要是GIF图像文件）的支持功能（图3-28）。所以我们在PS工具栏最下方都能看到ImageReady的图标，点击图标可进入编辑界面。它可以和PS同步操作，互相转换。在Photoshop CS3版本之后，ImageReady不再作为一个独立的软件开发，而被合并在CS3（或更高版本）"窗口"下拉菜单"动画"选项中，单击即可开启GIF动画制作功能。在保存时，单击"文件"，选择"储存为Web所用格式"，即可保存GIF动画。该款软件操作非常简单、方便，是一款小动画编辑的利器。

图3-28

（6）其他

网页设计的范围相当广泛，有一些软件也能完成网页设计的要求，这主要是根据网页的功能和结构来说的，比如一些简单的静态网页，不需要太多图形图像的视觉设计，就可利用Microsoft FrontPage（图3-29）来实现。FrontPage是一款轻量级静态网页制作软件，特别适合新手开发静态网站，但目前该应用已经很少用于网页制作。另外还有一些平面设计软件，如CorelDraw（图3-30）、Illustrator（图3-31）、PageMaker（图3-32）等，可以对设计师在网页图形设计和文件格式的转换上有些帮助，限于篇幅原因，这里不再一一举例。

图3-29

图3-30

图3-31

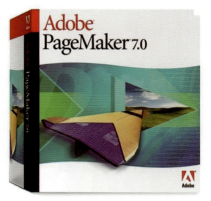

图3-32

　　需要强调的是，网页设计和网站建设并不是一个概念。一个网站的完成往往不是单凭个人就能够一手包揽的，通常要由一个团队来共同完成。实际工作中这两部分是有明确分工合作的，即网页设计师只需要完成前端设计的部分，而后期建设是由程序员来完成。比如说所在的公司部门分工细致，结构严谨，那么，在完成一个网站设计项目时，可能就会有专门的人员来做AE负责前期沟通协调，视觉设计人员负责版面元素构成，交互调研人员负责策划、用户体验整理及评估，以进一步增强用户体验，扩增网站的点击率，还可以通过专门的后台程序人员来实现网页动态行为等方面的效果。由于这两种分工通常是由不同专业的人员来完成，所以在沟通过程中就需要用到很多规范化表述来使双方都能明白对方的真正意思。当然，作为网页设计的新人来讲最好是都能了解一点，这样对网页设计或是网站建设多些全盘理解，也便于今后和团队成员交流协作。

第七课 代 码

课时： 6课时

要点： 普及网页设计基础代码知识，并对HTML代码语言进行较为详细的讲解。通过练习使学生能基本读懂简单代码，在后期起到辅助编辑的作用。

1.HTML超文本标识语言

超文本语言（Hypertext Markup Language），全称为超文本链接标示语言。HTML文本是网络的通用语言，也是一种简单、通用的全置标记语言。

"超文本"是指页面内可以包含图片、链接，甚至音乐、程序等非文字元素。这是一种Web语言，因为计算机无法和人直接对话，所以设计师用一种计算机能听懂的语言（就是HTML文本）和它对话，告诉它指令，让它显示不同的内容。HTML可以包含很多标签，也就是<P>，允许设计师通过语义标记使段落被识别为浏览器文本，而且允许图像输入等。它既是一种基于文本格式的页面描述语言，也是网页通用的编辑语言。在网页设计早期只能通过编写代码来实现，所以用计算机自带的记事本工具即可编辑，在储存时把文件格式设置为以".HTML"为后缀，然后用浏览器打开这个文本文档便会呈现网页内容。它的一般格式是采用前缀和后缀名相结合的形式，输入方法是层次递进法。

例如，表示一个空白网页的HTML 文本，它的代码非常简单：

```
<HTML>
<HEAD><TITLE>设计 </TITLE>
</HEAD>
<BODY>
</BODY>
</HTML>
```

图3-33

完整的代码会以<HTML>开头，以</HTML>结尾，这是一个封闭的标签，"<TITLE>设计</TITLE>"的意思是这个网页的名称显示为"设计"。从视觉上看是一个没有任何内容的网页，它的名称显示在标题栏里（图3-33）。

当然，一个图文并茂、功能布局完善的网页，远远比我们想象的复杂得多。例如，图3-34是重庆人文科技学院的网页，它的源代码如图3-35所示。我们从右侧滚动条的状态可以推定它的代码远远不止截图的这么少，所以，要想实现心目中功能与视觉表现都满意的网页效果，还需要花费更多的时间。在设计网页之前，熟悉常用的代码对今后的工作会起到事半功倍的效果。

图3-34

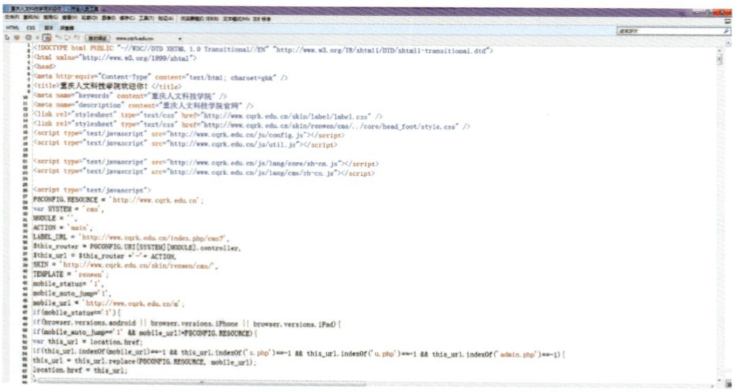

图3-35

下面罗列一些常见的HTML代码，以便大家学习查询。

基本结构标签：

<HTML>，表示该文件为HTML文件

<HEAD>，包含文件的标题、使用的脚本、样式定义等

<TITLE>---</TITLE>，包含文件的标题，标题出现在浏览器标题栏中

</HEAD>，<HEAD>头部的结束标签

<BODY>，主体，放置浏览器中显示信息的所有标志和属性，其中内容在浏览器中显示

</BODY>，<BODY>主体的结束标签

</HTML>，HTML文件的结束标签

其他主要标签：

（以下所有标签都用在<BODY></BODY>中）

<A，href="…"></A>，链接标签，"…"为链接的文件地址

<IMG，src="…">，显示图片标签，"…"为图片的地址

，换行标签

<P>，分段标签

<B></B>，采用黑体字

<I></I>，采用斜体字

<HR>，水平画线

<TABLE></TABLE>，定义表格，HTML中重要的标签

<TR></TR>，定义表格的行，用在<TABLE></TABLE>中

<TD></TD>，定义表格的单元格，用在<TR></TR>中

<FONT></FONT>，字体样式

提示：属性是用来修饰标签的，属性放在开始标签内，如：属性bgcolor="BLACK"表示背景色为黑色。引用属性的例子：<BODY,bgcolor="BLACK"></BODY>表示页面背景色为黑色；<TABLE,bgcolor="BLACK"></TABLE>表示表格背景色为黑色。

对齐属性、范围属性标签：

ALIGN=LEFT，左对齐（缺省值）

WIDTH=像素值或百分比，对象宽度

ALIGN=CENTER，居中

HEIGHT=像素值或百分比，对象高度

ALIGN=RIGHT，右对齐

色彩属性标签：

COLOR=#RRGGBB，前景色，参考色彩对照表

BGCOLOR=#RRGGBB，背景色

<center>，表示绝对居中

<table></table>，表格标识的开始和结束

属性：

cellpadding=数值单位是像素，定义表元内距

cellspacing=数值单位是像素，定义表元间距

border=数值单位是像素，定义表格边框宽度

width=数值单位是像素或窗口百分比，定义表格宽度

background=图片链接地址，定义表格背景

<tr></tr>，表格中一个表格行的开始和结束

<td></td>，表格中行内一个单元格的开始和结束

Colspan=""，单元格跨越多列

Rowspan=""，单元格跨越多行

Width=""，定义表格宽度

Height=""，定义表格高度

Align=""，定义水平对齐方式

Valign=""，定义垂直对齐方式

Border=""，定义边框宽度

Bgcolor=""，定义背景色

Bordercolor=""，定义边框颜色

Bordercolorlight=""，边框明亮面的颜色

Bordercolordark=""，边框暗淡面的颜色

Cellpadding=""，内容与边框的距离（默认为2）

Cellspacing=""，单元格间的距离（默认为2）

，强制换行

<font></font>，文本标识的开始和结束

face=字体

color=颜色

<b></b>，加粗文字标识的开始和结束

style=font-size: 40pt，用样式表方式控制字体大小，这里是40点

<div></div>，分区标识的开始和结束

align=|center|left|right|，水平对齐方式

<marquee></marquee>，动态标识的开始和结束，如标识内放置贴图格式则可实现图片滚动

scrollamount=1~60，滚动速度

direction=|left|right|up|down|，滚动方向

scrolldelay=滚动延时，单位：毫秒

<P>，段落标识，空格符

<img>，贴图标识

src=.../.../,图片链接地址，贴图标识必备属性

style=filter: Alpha（opacity=100,style=2）

    filter，样式表滤镜

    Alpha，透明滤镜

    opacity，不透明度100（0~100）

    style，样式2（0~3）

rules="none"，不显示内框

<embed,src="…">，多媒体文件标识

src=".../.../FILENAME"，设定音乐文件的路径，文件类型除了可以播放.rm、.mp3、.wav等音频，还可播放.swf和.mov等视频

AUTOSTART=TRUE/FALSE，是否要音乐文件传送完就自动播放，TRUE是要，FALSE是不要，默认为FALSE

LOOP=，设定播放重复次数

LOOP=6，表示重复6次

true或-1为无限循环

false为播放一次即停止

2.CSS层叠样式表

CSS，全称为Cascading Style Sheet，又称为"风格样式表（Style Sheet）"。HTML语言不足以创造出漂亮的网页，但层叠样式表为设计师提供了一个创建可视化的规则集，能确定不同的元素在Web页面上通过浏览器被呈现在屏幕上。但是通过设立CSS样式表，我们能够对网页中的对象的位置排版进行像素级的精确控制，支持几乎所有的字体、字号样式，拥有对网页对象和模型样式的编辑能力，并能够进行初步的交互设计，是目前基于文本展示常见的设计语言。换句话说，原来我们在设计网页内容时，每个网页都要单独设计、调整，哪怕是相同版式、文字、间距的若干个网页，也要一次次地调整、设定数据，而相同属性的设定能在CSS样式表里一次性设置好，需要这种属性的网页时直接调用这种样式即可。CSS的设置内容包括文本的颜色、背景、大小和形状等。

例如：CSS中规定"title"格式都是加粗的蓝色宋体字，在HTML文档中所有要应用这个格式的文字只需指定格式为"title"即可，不用再分别调整每个文字的参数。网页设计师利用CSS属性对文字进行编辑，可以极大地提升效率，避免重复劳动。

3.其他计算机编程语言

（1）JavaScript

JavaScript是一种基于对象和事件驱动并具有相对安全性的客户端脚本语言，即Web脚本，同时也是一种广泛用于客户端Web开发的脚本语言，常用来给HTML网页添加动态功能，比如响应用户的各种操作。JavaScript允许设计者在网页中创建交互功能，其运用得较多的是表单验证，比如您忘了在手机中输入您的电话号码，那些烦人的警告框就会自动弹出来。现在有很多可用性更高的JavaScript，包括特殊的视觉效果，无须重新加载整个页面就可直接加载新内容。需要注意的是，JavaScript并非就是Java编程语言，它们只是看起来长得有点像但并没有任何关系，就好比雷锋和雷峰塔的关系，仅仅是名字开头有点像而已。

（2）ASP

ASP是Active Server Page的缩写，意为"动态服务器页面"，是Serv脚本。ASP是微软公司开发的代替CGI脚本程序的一种应用，它可以与数据库和其他程序进行交互，属于服务端语言。ASP的网页文件的格式是".asp"。ASP现在常用于各种动态网站中，是一种简单、方便的编程工具。

（3）PHP

PHP是英文超文本预处理语言Hypertext Preprocessor的缩写，中文名为"超文本预处理器"，是一种通用开源脚本语言。其语法吸收了C语言、Java和Perl的特点，利于学习，使用广泛，主要适用于Web开发领域。PHP是一种HTML内嵌式的语言，可在服务器端执行嵌入的HTML文档的脚本语言。

第八课 界面设计

课时： 6课时

要点： 网页的界面设计是网页设计的重要环节。本课通过案例的形式使学生逐步掌握网页版式编排、要素构成、色彩搭配等方面的设计技巧，并能独立完成网页界面设计任务，实现良好的网页信息传达功能。

要了解网页界面设计，首先需要弄清楚什么是界面设计。界面是指在人和机器的互动过程（Human-Machine Interaction）中呈现在用户面前的显示终端屏幕上的图形状态。网页界面设计，简单地说就是网页在显示器上的图形设计。这个用户界面也被称为UI（英文全称为User Interface）。网页界面设计是视觉层面上最重要、最直观的步骤，一个网页的诞生，必须经过从形到神的进化。也就是说，要做网页设计，必须先设计出网页最初的样子，然后添加网页可供人机交互的程序，实现真正的可交互的功能。

网页界面设计的方法很多，涉及的设计软件也因为设计者的使用习惯而有所不同。下面，我们通过案例的讲解和演示，详细介绍如何利用Photoshop软件制作一个简洁大方的网站首页的界面。

1.网页构成元素

虽然网页的形式与内容各不相同，但是组成网页的基本元素却是大致相同的。网页主要由文本和图像、动画、导航按钮、表单、音频/视频等元素构成。

①文本和图像：这是网页中两个最基本的构成元素，它们使网页传递的信息直观有效。网页设计人员要考虑的是如何把这些元素以一种更容易被浏览者接受的方式组织起来放到网页中去。

②动画：网页中的动画可以分为GIF动画和Flash动画两种。动态的内容总是要比静止的内容更能吸引人们的视线，精彩的动画能够让网页视觉效果更加丰富，这也是网页区别于静态或者平面媒体的主要特征。

③导航按钮：引导用户在网站中通过超级链接跳转到其想要到达的页面位置，类似于路标的功能。这也是每个网站内都包含很多导航按钮的原因。网站的页数越多，包含的内容和信息越复杂多样，那么导航设置的位置、方式是否合适，将是决定该网站能否成功的重要因素。一般来说，在网页的上端或左侧设置主导航菜单是比较普遍的方式。

④表单：这是一种可以在访问者和服务器之间进行信息交互的技术，使用表单可以完成搜索、

登录、发送邮件等人机智能交互功能。

⑤音频/视频：随着网络技术的不断发展，网站上已经不再只是单调的图像和文字，能够被植入的元素种类越来越丰富，设计人员可在网页中插入视频和背景音乐等，让网站传递的信息更为多元和有趣。

需要注意的是，在界面设计时，必须把这些构成元素通通考虑进去，某些不便于利用PS设置的元素，如音频、视频也需要预留出相应的位置来。

2.Photoshop的使用步骤

案例1: 甜心烘焙坊的网页界面设计

下面，以甜心烘焙坊网站的首页界面设计作为案例，学习利用Photoshop制作网页界面的流程和步骤，完成效果如图3-36所示。

图3-36

（1）画布设置

打开Photoshop CS软件，单击"文件"下拉菜单，选择"新建"命令（或者按下快捷键"Ctrl+N"），这时，会弹出一个对话框，在对应的选框中输入数值：将首页的宽度设定为"1000像素"，高度为"1200像素"，分辨率为"96像素/英寸"，颜色模式为"RGB颜色（8位）"，背景内容为"白色"（图3-37）。在PS的工作区即可显示出网页的白色背景。

图3-37

（2）页面背景图设置

页面背景图设置分为以下几个步骤。

①用鼠标单击"图层"下拉菜单，选择"新建"图层（或者按下快捷键"Ctrl+Shift+N"），选择"选区"工具中的矩形选区，按住鼠标左键进行拖动，拉出虚线选框（图3-38）。

图3-38

②选择PS工具栏最下方的"前景色/背景色"按钮，弹出颜色选择框，勾选"只有Web颜色"，选择合适的颜色，单击"确定"按钮，给虚线选框填充颜色（图3-39）。勾选"只有Web颜色"的目的在于将颜色选框的颜色范围界定在Web可显示的范围之内。

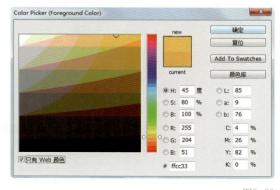

图3-39

③用同样的方式，选择另一种颜色填充在用鼠标拖出的竖条虚线框中。然后，同时按住键盘上的"Shift"键和"Alt"键，并单击鼠标左键进行拖动，多次复制，可得到如图3-40所示的色彩条效果。

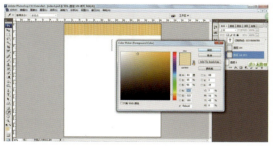

图3-40

④底部的背景条设计。按预先构想，在同一图层上将网页的底部也设计成相应的效果，用鼠标左键单击工具栏的"T"字图标，输入设定的文字。将文字颜色设置为"深棕色"，单击"确定"按钮（图3-41）。效果如图3-42所示。

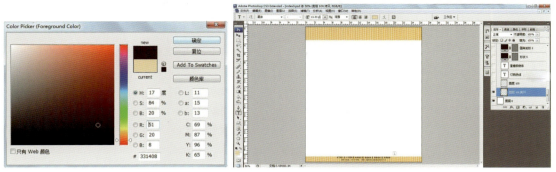

图3-41 图3-42

（3）导航按钮设置

在这个网站中，设计者预先设定了6个导航按钮，分别是"首页""糕点名录""人气推荐""DIY展示""烘焙常识"和"关于我们"。对于导航按钮的分配和内容，需要在网站策划阶段就做好相关划分。另外，在导航条之外，设计者还设置了两个非常人性化的导航按钮，分别是右上角的"在线订购"和"会员登录"。

用矩形选框工具拖出矩形框，填充前景色，再分别拖动鼠标，绘制出单独的导航按钮，并水平排列；单击文字按钮，分别输入"首页""糕点名录""人气推荐""DIY展示""烘焙常识"和"关于我们"6组文字，用移动工具使文字居中排列。至此，导航条设计完毕（图3-43）。

图3-43

（4）Banner设计

新建图层，命名为"Banner"。用矩形选框工具框选预留出的页面位置，用渐变填充工具选择"对称渐变"，从左至右拖动鼠标，完成渐变色填充。然后将需要的图片和文字填入相应的位置，用"自由变换"命令将元素调整至合适大小（图3-44）。

图3-44

（5）主图部分设置

在这个网页中，主图分为两个部分——上部的3个信息块和下部的糕点样式组图。

①按比例用鼠标框选出大小合适的矩形，单击"编辑"下拉菜单，选择"描边"命令，弹出如图3-45所示的对话框。将描边的宽度设定为"1px"，颜色选择前景色。

图3-45

②用鼠标拉出较窄的矩形，填充前景色，选择文字工具，单击鼠标左键，输入"优惠活动"，调整文字字号和颜色（图3-46）。

图3-46

③按照这样的步骤逐步完成3个信息块的设计，最后，将选好的糕点图片裁切为统一大小，按照预先设定的样式整齐排列，完成主图部分设置（图3-47）。

图3-47

现在，一个完整的首页就制作完成了，可以再进行适当的调整，完善网页界面设计的最终效果。

案例2："初生花草网"网页界面设计

（1）创建画布

首先，打开Photoshop软件，创建一个新的项目。单击文件按钮，选择"新建"（或者按下快捷键"Ctrl+N"）创建画布。在弹出的对话框中，设定宽度为"1000像素"，高度为"1700像素"（像素的大小可根据自己的需求来定），分辨率为"96像素/英寸"（为了保证图片的清晰度）（图3-48）。

图3-48

（2）制作导航

画布创建好后，画布的背景色还是以白色为主，接着制作网页导航条的颜色。创建一个新的图层（或者按下快捷键"Ctrl+Shift+N"）。用矩形工具制作出宽度为"1000像素"、高度为"53像素"的矩形，并与背景顶端左右对齐；接着给这个图层上色，颜色为"#6fd79d"，这个颜色用来表示该网站的主题颜色（这个颜色是经过前期网上问卷调查得出的结果）。

导航栏主要分为两大部分：第一部分是标志的摆放位置；第二部分包含"首页""关于我们""产品推荐""养花知识""联系我们"5个板块。

第一部分的标志摆放，只要位置合理即可。第二部分5个板块中的内容字体为"黑体"，字号为"9#"（现在的显示器的正常显示字号为9#、10#）；在导航条右上角添加两个小内容——注册和登录，字体为"黑体"，字号为"6#"。

另外，为了使界面更加美观，可在5个内容中用深色的直线来分隔每项内容（图3-49）。

图3-49

导航条作为网页设计的精髓，要为用户提供更好的服务。这样的排版可以为用户提供友好的体验，清晰且容易操作。

（3）Banner制作

Banner既可以作为网站页面的横幅广告，又可以作为游行活动时用的旗帜，还可以是报纸杂志上的大标题。Banner主要体现中心意旨，形象鲜明地表达最主要的情感思想或宣传中心。

Banner的大小可设置宽度为"1000像素"，长度为"421像素"。在网页制作时，可与Flash相结合插入一个小动画，也可以采用多张图片来表达本网页的活动主题或中心意思。本案例就是采用了3张图片来表达活动的主题（图3-50）。

图3-50

（4）Body部分

Body部分是网页制作的主要部分，它是首页的主要内容。本案例制作的是关于花草方面的内容，可以把关于花的内容分为三大块。

①制作首页的版式及内容。首页的字体为“黑体”，大小为“9#”，字体颜色为“#525252”。为了更加美观，首页结合了英文，“HOME”的字体为“汉仪中圆简”，大小为“14#”，英文字母颜色为“#064e26”。字母下方的直线起到装饰的作用，颜色为“#7abf70”。剩下的4条直线都可起到辅助作用，颜色为“#7abf70”。

②制作3个椭圆形，颜色为“#afd9a9”，分别如图3-51所示排开。三大块的文字内容分别是“鲜花对象订购”、“节日鲜花订购”和“开业花篮订购”。字体为“汉仪中圆简”，大小为“9#”，颜色为“#525252”。

鲜花的版式排列无须采用很规整的形状来表现，不然会显得比较呆板，没有吸引力。在版式上，既要保证整块网页的统一性，又要看起来有趣味性，还要保证用户的互动性，不要让客户觉得整个网页画面没有吸引之处。

首 页
HOME
鲜花对象订购
节日鲜花订购
开业花篮订购

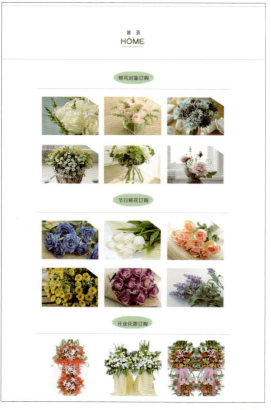

图3-51

（5）收尾工作

网页界面制作的收尾工作是填写一些基本信息，以此表现公司的完整性、安全性、信誉度等。例如，填写本公司电话、公司的全称、公司网站的许可证等内容。可将字体设置为“仿宋”，颜色为“#9b9a9a”（图3-52）。

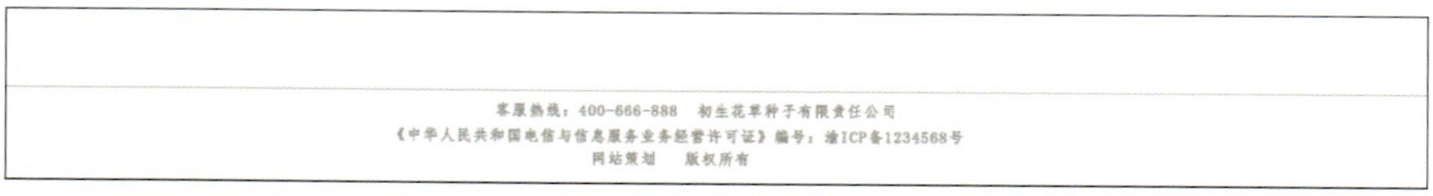

客服热线：400-666-888　初生花草种子有限责任公司
《中华人民共和国电信与信息服务业务经营许可证》编号：渝ICP备1234568号
网站策划　版权所有

图3-52

这样，一个完整的首页就制作完成了。

第四单元
"天外有天"——网页设计鉴赏

课　　时： 8课时

单元知识点： 本单元以作品赏析为主，结合目前国际、国内一些优秀的案例和学生所做的网页设计作品进行解析，希望打开学生们的眼界，创作出更多更好的带有个人风格的优秀网页作品。

第九课　学生作品解析

课时：4课时

要点：本课以案例分析为主，使学生了解页面中首页的地位与功能，明白在网页整体风格的统一、色彩的搭配和版式布局等方面如何规划，以进一步掌握网页界面的设计方法。

网站设计中的界面设计直接关系到整个网站的最终展示效果，那么，如何对网站的界面进行评价呢？首先需要了解网站的页面组成要素。网站一般包括以下4个部分：

①首页——网站的门面，如同公司的形象，要特别注重设计和规划。

②框架页——网站的主要结构页面，又称次首页、内页。在大型网站中，往往框架页即首页，如一些门户网站。框架页通常是网站内部主要栏目的首页，讲究风格的一致性，并与首页相呼应。

③普通页——网站主要的承载信息的页面，一般设计要求不高，但要求链接准确、文字无误、图文并茂，并沿袭网页的风格。

④弹出页——主要用于广告、新闻、消息以及其他网站的链接等（实际运用较少）。

从功能上来看，首页主要承担着树立企业形象（当然不仅仅是首页）的作用。一般来说，网站首页的形式不外乎两种：

第一种是纯粹的形象展示型。这种类型的网站首页文字信息较少，图像信息较多，注重艺术造型和设计布局，利用一系列与公司形象、产品、服务有关的图像和文字信息，组成一幅生动的画面，从而向浏览者展示一种形象、一个氛围，吸引浏览者进入浏览。这种首页形式的制作首先需要设计者具有良好的设计基础和审美能力，能够挖掘企业深层的内涵，展示企业文化。在设计过程中也须明确要以设计为主导，通过色彩、布局给访问者留下深刻的印象。

第二种是信息罗列型。这是一般的大、中型企业网站和门户网站常用的方式，即在首页中罗列出网站的主要内容分类、重点信息、网站导航、公司信息等，也就是我们上面所谈到的框架页。这种风格较适合信息量大、内容丰富的网站，以展示信息为主。在设计过程中要求设计者从细微入手，体现企业形象。

建议设计者事先仔细阅读企业的CI手册，熟悉企业标志、吉祥物、字体及用色标准等，通过网站的局部来体现。往往平淡之中一个优美的符合企业特点的曲线就能够给人以深刻的印象，从而将企业形象印在浏览者的脑海里。设计者在设计过程中要学会使用这些语言符号来表达独特的企业信息。

下面，通过两个学生所做的网页案例，来进行功能结构上的分析，进而介绍在网站中各个页面所包含的内容与相互之间的关系。

案例1

网站：赣南八公山豆腐有限公司官网

设计者：王丽娜

本案例属于纯粹的形象展示型网站，以"八公山豆腐"为拳头产品，进行品牌推广。公司地处安徽省寿县，当地的"八公山豆腐宴"是汉族传统名肴，属于沿淮菜系。

八公山豆腐起源于淮南王刘安时期八公山一带，即淮南市八公山区与寿县的交界地，距今已有两千多年的历史。这种豆腐采用纯黄豆作原料，加入八公山的泉水精制而成。当地农民制作豆腐的技艺世代相传，很多人都掌握了一套好手艺，做出的豆腐细、白、鲜、嫩，深受群众欢迎。明代李时珍的《本草纲目》、叶子奇的《草木子》、罗颀的《物原》等著作中，都有八公山豆腐之法始于汉淮南王刘安的记载。

网站设计者采用毛笔书写的文字作为设计主要元素，搭配简洁的图标，摒弃浮华，在首页中没有多余的符号、颜色混淆视线，彰显出品牌朴素、内敛的特质（图4-1）。

首页是企业在网上的虚拟门面，因此，线上营业的企业需要格外注重自己门面（网站首页）的设计，网站的页面就好比"无纸的印刷品"。

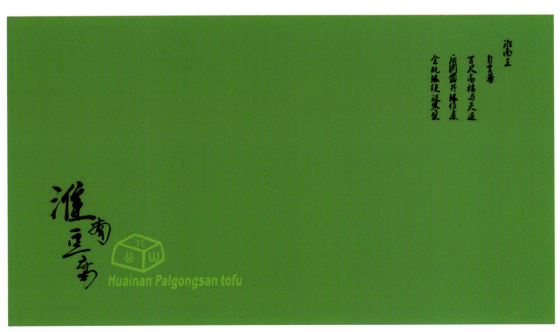

图4-1

接下来，进入整个网站最关键的框架页设计。框架页在导航方面起着重要的作用，如各栏目内部主要内容的介绍都可以在框架页中体现，从而使浏览者在进入普通页前，能够迅速了解网站各栏目的主要内容，择其需要而浏览。而如何保持网站风格的一致性，是进行框架页设计过程中需要着重考虑的问题。

图4-2是该网站的框架页面，也称为次首页面。设计者采用了非常简洁的导航方式，把网站布局划分为"首页""历史文化""生产工艺""豆腐盛宴""魅力展示"和"联系我们"等几大板块，分类明确，很好地为浏览者进行了方向引导。

图4-2

随着导航指向的步步深入，又进入普通页。普通页是主要的信息页面，也是网站的最终页面。下面6个页面的设计就分别对"历史文化""生产工艺""豆腐盛宴""魅力展示"等内容进行了细分设计，保证做到每一页既相互关联又互不干涉。对于大型网站来说，这种结构非常重要，可以按照不同的层次分为二级页面、三级页面等。而对于中小型企业而言，网站规模较小、页面数量不多，框架页也会担当起普通页的作用。一般来说，普通页的布局比较简单，即内页的一栏式版面布局。

在版面布局中，主要考虑的是导航、必要信息与正文之间的布局关系。较普遍的情况是采用顶部放置必要信息的方式，如公司名称、标志、广告条以及导航条，或将导航条放左侧、正文放右侧，等等。这样的布局，结构清晰，易于使用。当然，也可以尝试布局的变化形式，如左右两栏式布局，一半是正文，一半是形象的图片、导航；或正文不等两栏式布置，通过背景色区分，分别放置图片和文字等（在设计中注意多吸取好的网站设计的精髓）。但由于浏览器宽幅所限，不宜将其设计成三栏及以上的布局。

如图4-3至图4-8所示的6个页面都属于网站的二级页面，也就是普通页。每个页面都按照既定的内容进行了设计，导航条的设计也较为中规中矩，在布局上采用上下两栏式，构成更为灵活的图文排版形式。

图4-3

图4-4

图4-5

图4-6

图4-7

图4-8

需要提醒注意的是弹出页的设计。弹出页,顾名思义是指在普通页的基础上新弹出的窗口页面,能起到提醒或者广告宣传等作用(图4-9)。如果是邮箱用户登录的界面设定,弹出页可根据需要酌情慎用。

图4-9

网页在满足了功能需求的基础上，还需要符合审美的需求。网站设计最大的原则就是必须保持一致性，网站的一致性在网站营销中占据重要地位，其中包括网站布局、文字排版、装饰性元素出现的位置、导航的统一性、图片的位置等。在浏览国外一些著名的电子商务网站时，你会发现这些网站结构惊奇的一致，不同的只是色彩或内容。这种方式是目前网站设计中普遍采用的结构，一方面可以减少设计、开发的工作量，另一方面更有利于往后网站的维护与更新。一致性主要体现在以下 3 个方面：

①特别元素的一致性。在网站设计中，个别具有特色的元素（如标志、象征图形、局部设计等）重复出现，也会给访问者留下深刻印象。比如网站结构在某一点上的变化，由直线变为圆弧、暗色点缀的亮色、色彩中的补色等。

②图像风格的一致性。网页中的图像在使用上一定要慎之又慎。作为网站结构一部分的局部图像，应根据网页内容的不同，配以风格相似的图像或动画，从而给浏览者带来视觉上的舒适感。

③背景元素的一致性。从技术上而言，网页背景包括背景色和背景图像两种。目前更多的是使用背景色或色块。原因很简单，第一，下载速度快。背景色的下载速度基本可以忽略不计，而背景图像就得根据图像字节大小下载。第二，显示效果好。经常看到国内一些网站设有背景图像，或是公司的厂房、办公大楼、又或是产品图片，甚至是某某人物的照片，这样的处理经常使得前面的文字难以辨认，给人以模糊、不确切的感觉。

只有遵循以上原则，进一步明确网页界面设计的任务和重点，才能做到心中有数，得心应手。

此外，网页设计还需要注重色彩搭配的技巧。在颜色的运用上，该网站采用了以绿色作为主色，以灰色调作为过渡色进行调和，使整体色彩干净、沉稳、朴素。除此之外，还有相同色系色彩运用法、对比色或互补色彩运用法，以上两种用色方式在实际应用中都要注意主体色彩的运用，即以一种或两种色彩为主、其他色彩为辅，以免造成色彩的混乱。色彩搭配是网页设计中最难处理的问题之一。如何运用最简单的色彩表达最丰富的含义、体现企业形象，是网页设计人员需要不断学习、探索的课题。

案例2

网站：肯德基KFC官网

设计者：陶月敏

该网站属于第二种——信息罗列型，是促销性质的商业类网站。设计者采用左右双栏式布局，左边是附带Logo的导航按钮，右边是各种产品信息。由于增加了在线服务功能，网站设计的目的是针对需要网上订餐的用户，所以设计者采用更为直观的以图为主的元素进行版式设计。

设计者尽量保持网站风格的一致性，采用了暖色调，以肯德基红色和黄色为主进行搭配，视觉上产生强烈的对比，整体色彩明快、氛围热烈，也能使消费者（访问者）浏览时产生食欲，形成购买的欲望。背景留白给人干净利落的感觉（图4-10）。大家可试着从网站设计的一致性原则分析该网页在元素运用、色彩搭配、版面布局等方面的优劣，提出自己的主张和修改建议。

首页

页面1

页面2

图4-10

第十课　国外优秀网页赏析

课时： 4课时

要点： 本课以20个国外优秀网页设计为例进行赏析，讨论网页设计手段及主要页面信息传达情况，提高学生审美层次和分析解决问题的能力。

以灰色调图片打底，将导航条进行悬浮设计，用单色作为点缀，既保持了图片的完整性，又使得导航功能清晰、明确，网页意境深远，设计到位。

图4-11

色调清新、明快，以设计师手绘图片作背景，将导航条设计成圆盘式旋转的动态悬浮效果，可随鼠标移动改变状态，视觉表现力强，科技感十足。

图4-12

3幅图同属于一个网站，设计者采用高级灰进行色调的统一，利用图片的明暗进行视觉变化，风格简洁大气。

图4-13

图4-14

采用当下流行的扁平化风格，在单色背景下，以纯色作为点缀，十分醒目。利用鼠标的移动触发动效，实现三维视角的变化，时尚炫丽。

图4-15

采用纯色背景和单色相对应，利用文字作为核心元素，采用留白的方式表现画面，整个网站风格显得非常干净、清爽。

图4-16

设计构成感强烈，色彩运用较为严谨，在播放过程中音频文件对意境的渲染起到了非常重要的作用，营造出神秘、清幽的氛围。

图4-17

设计十分有趣，采用骨骼式排列，每组图片由白色剪影和真正的图片组合构成。图形符号设计的功力深厚，画面别具一格，让人印象深刻。

采用分割版式设计，Logo大胆地居中放置，将两组图片设计成动态播放效果，静动结合，相得益彰，画面效果意境突出。

图4-18

采用分栏式设计，利用颜色区分不同版面的画面，既保证了画面的整体一致性，又富含变化，网页中小图标的设计非常出彩。

图4-19

采用杂志惯用的高清摄影图片作为主要设计元素，产品展示效果好，图文的结合也十分得体，品牌形象突出，视觉效果强烈。

图4-20

采用手绘和效果图对照的方式进行画面表现，倾斜式设计显得活泼，右边的菜单设计非常引人瞩目。

图4-21

图4-22

以纯色作为背景，用图片的面积进行版面的切割。选择的图片精致，色调运用十分老练，画面小元素设计精彩，注重呼应。

采用时下流行的二维与三维相结合的视觉表现形式，Logo的设计十分巧妙。下半部分采用分栏式设计，版面划分清晰、明确，整体效果较好。

图4-23

色彩的设计显得大胆、奔放，画面表现也十分耀眼绚烂。整体风格统一，没有过多的文字，全图的设计简洁、大气。

图4-24

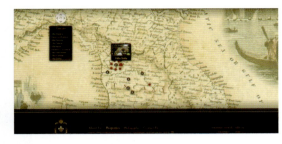

设计十分重视历史氛围的营造，所有的图片和符号都与整体
风格高度统一。导航按钮的设计十分独特，让人过目难忘。

图4-25

利用明暗对比来增强画面的表现能力，三维特效
搭配音效显得华丽、时尚，色彩运用大胆又不失
庄重，整体效果好。

图4-26

图4-27

金属质感风格突出，采用悬浮式分层设计，动态效果格外美观。暗金与黑色之间的对应与气氛形成很好的呼应，核心元素设
计细节突出。

图4-28

很好地利用了暗红色系对氛围进行渲染，细节元素的设计把握到位，特别是对质感的展示非常注重，整体效果较好。

图4-29

散点构成的自由版式风格，画面中的元素看似散乱却整体协调，导航条的设计轻松、有趣，把该网站的风格表现得淋漓尽致。

这是一个典型的商业类型网站，以产品展示为主，主体为摄影图片，但白色和红色的搭配给人以高端、经典的感觉。画面整体性强，风格通透，高雅的感觉与品牌形象设定高度吻合。

图4-30

图4-31

这是巴西的一个艺术类网站，大胆采用了滚屏式设计，通过鼠标的滑动进行翻页，不会影响背景图片的播放。悬浮的视窗设计简单、清爽，明暗对比得当，整体效果较好。

第五单元
"神会心融"——综合实例

课　　时： 24课时

单元知识点： 本单元以商业网站的设计过程为范例，教会学生从分析定位开始，完成
界面DEMO的视觉表现，再将设计好的网页DEMO通过设计软件顺利
转换成具有某些交互功能的网页，最终完成网页的设计。

第十一课 "本心"网站——从策划到样稿诞生

课时： 12课时

要点： 通过对下面这套案例的深度解析，复原网站从策划到诞生的过程，从中了解网页设计的设计思路和实现步骤。想做到这样的程度，平面设计软件Photoshop的有效使用是关键，同时还需要一定的审美基础和对客户需求、设计细节的分析把握能力。

网站的前期策划是准确实现网站目的的前提和依据。只要是做设计，就离不开策划。网站每个页面的功能、布局和结构，都将在前期策划的指引下有计划地完成。下面以"本心"广告设计公司的网站为例，具体讲解网站从策划到DEMO（DEMO的中文含义为示范、展示、样片、样稿，常被用来称呼具有示范或展示功能及意味的事物）设计的相关流程。

1.网站前期策划

随着本心广告设计公司的发展，公司急需一个官方平台发布信息，在此背景下，该公司提出了"有点商业味道却不浓厚，有独特的企业文化却不张扬，有精辟的设计分析却不浮夸"的要求，使用户们能通过该平台第一时间了解到公司的核心业务能力，并且能够信任该设计团队，主动寻求协作，达成合作意愿。网站本身的设计风格会吸引一定偏好的客户，其独特的视觉设计语言能较长时间地吸引用户浏览，该网站是如何实现这样的效果的呢？从视觉设计层面上来说，主要有3个因素决定网站的定位：设计风格、配色以及网页布局。

（1）设计风格

网站的设计风格主要是由公司性质决定的。本心广告设计公司的风格定位为简洁、大气、庄重，版式设计规范、整齐。在近代设计史中，包豪斯设计学院"少即是多"的设计理念深入人心，该网站的设计符合公司的整体形象，做到了内容与形式的统一。

（2）配色

本心公司采用黑、白、灰经典搭配作为网站的主色调，以此体现该公司的包容性，同时又能最大范围地适应人们的审美需求。网站可以算是公司VI系统的延续，公司的Logo是金色的，所以在网站上也会有辅助的金色出现，以此来统一公司的视觉语言，使网站整体配色更出效果。

（3）网页布局

网页布局从整体上来讲，需要考虑元素的视觉整体性和功能的实用性。考虑得最多的还是用户浏览网站时怎样最便捷地找到页面信息、怎样留出版式空间最有价值的信息，以及每个页面之间的关联和链接点。

2.网站草图绘制

想法终需落实在纸面上，否则抽象的网站结构关系无法让他人领会，也就更谈不上交流和讨论，所以需要用草图的方式，标示出网页信息分布情况、图文之间的位置等。通过对草图不断进行修改，来确定最合理的信息点位置以及布局结构等（图5-1）。

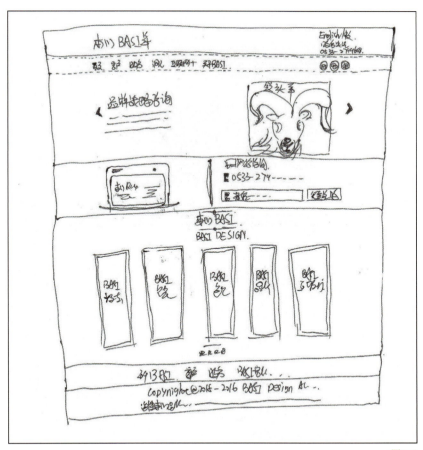

图5-1

框架出来后，根据企业实际需求确定导航条按钮信息，首页展示信息，二级、三级页面内容信息搜集等（为了后期设计工作更加高效地完成，可以每个分级页面都做简单的设计草图，确定框架，与客户沟通，这样可以省去很多反复修改的时间），所有文字、图片、框架结构都设定完成后就可以对界面进行细节设计。

3.网页界面设计

网页界面的设计不但有强大的视觉感知力，而且在网站设计前期，也是客户和设计师进行直观交流的前提。基于前期的策划和定位，网站首页设计效果如图5-2所示。

图5-2

在具体的设计环节，需要设计者对相关的设计软件操作非常熟悉。本案例以Photoshop软件为例，详细介绍一下具体步骤。

图5-3

（1）画布设置

①双击PS图标进入工作界面，单击"文件"下拉菜单，选择"新建"命令，弹出新建对话框。设定该文件名称为"本心首页"，宽度为"1920像素"，高度为"2000像素"，分辨率为"1000像素/英寸"，颜色模式为"RGB颜色（8位）"，背景内容为"白色"。单击对话框右上角"确定"按钮，画布新建成功，如图5-3所示。

②画布宽度设置为"1920像素"，这个数值是目前宽屏显示器最普遍的幅宽，但画面主要内容部分则最好控制在960像素以内，可以通过标尺拖移来限定，以满足目前最小显示器幅宽要求（图5-4）。

需要说明的是，并非所有的网页都需要满屏设定，也可直接以像素值来设置网页的尺寸。

图5-4

（2）顶部导航栏设置

具体的操作步骤如下：

①选择图层窗口，快捷键为"F7"，创建新的图层组，重命名为"导航"。根据网站前期草图规划，导航分为两个部分。在图层组中新建图层，重命名为"导航1"，在工具栏中选择最上方的矩形选框工具，按住鼠标左键拖动，拉出虚线选框，如图5-5所示。

图5-5

②选择工具栏最下方的"前景色/背景色"按钮，弹出颜色选择框，在选择框最下方勾选"只有Web颜色"，选择合适的颜色，并单击"确定"按钮。在虚线选框中填充所需颜色。勾选"只有Web颜色"是为了将颜色选框的颜色范围界定在Web可显示的范围之内，减少色差（下文中所有颜色的选择都应勾选此选项，不再做特别说明），如图5-6所示。

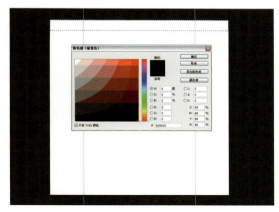

图5-6

③将企业Logo文件拖至该文件中，在左边蓝色辅助线内将标志缩放至合适大小；选择文字工具，输入文字及该公司联系方式（在设计之初，为了方便用户在浏览网页的第一时间就能联系该企业，强化联系方式是常见的处理方式，也可根据实际情况删减），并缩放至合适比例，颜色设置为"白色"，字体为"宋体"，字号为"6#"，如图5-7所示。

图5-7

④接下来制作导航条按钮。新建文字工具，字体选择"黑体"，拉出虚线，颜色为"黑色"，位置调整至合适比例，距"导航条1"1像素，复制此文字图层，形成虚线框。在这个网站中，预先设定了6个导航按钮，分别是"首页""客户""服务""洞见""互联网+"和"关于BASI"（此文字信息在网站策划前期已确定）。字体为"宋体"，字号为"8#"（不同行业字号可作相应调整，本网站为了突出精致感，字号都略小于常规字号），将位置同样设置在左侧辅助线之内，与企业标志左对齐。为了使用户有更好的互动体验、更便捷的沟通渠道，本心公司网站的首页导航条上还设定了非常人性化的3个导航链接按钮，分别是"邮件""微信"和"微博"。至此，导航条部分设计完成，如图5-8所示。

图5-8

（3）Banner设置

Banner 作为首页的横幅通栏广告，既是极其重要的推广传播画面，又是留住用户的主要版面之一，更是用户浏览驻足的关键宣传点。结合公司主要业务方向，设计了3幅创意宣传画面，分别以"领头羊——品牌战略咨询""适者生存——企业竞争咨询""有余精神"来做创意主图。新建图层组 2，重命名为"Banner"，在此图层组下再新建 3 个图层组，分别重命名为"品牌战略咨询""企业竞争咨询""有余"，分别将设计好的 3 个画面拖动、缩放至适当的位置（图 5-9）。

图5-9

将画面的大小设置为高"860像素"、长"960像素"，左边为说明性文字，右边为图案，因为此画面紧紧连接着导航条，所以在排版上延续了导航条的左右排版方式，使整体显得更加协调统一，用户浏览时视觉更加流畅。除此之外，应当增强画面的视觉冲击力，并准确地传递所要表达的信息，如图5-10所示。

图5-10

（4）交互窗口设置

为了给用户提供更好的服务体验，本心公司在首页的版面上设计了交互窗口，以此更好地实现网页的交互功能。

新建图层组，重命名为"信息板块"。新建图层，选择"矩形选框工具"，设置高为"300像素"、长为"1920像素"的选区，填充"黑色"，版式编排依然是左右分割，但整体为居中，表示新功能区域的开始。新建文字层，输入"网络咨询"并配上相应图标，字体为"宋体"，字号为"6#"。下面一行输入公司电话，并配上相应图标。再往下一行设置电话回拨功能（此功能可通过专业程序技术人员实现）。再次新建图层，选取矩形选框工具，填充白色细线效果，使画面左右分割更明显，也使版面更精致，更有细节感。整体信息板块设计完成，如图5-11所示。

图5-11

（5）链接设置

用户浏览完以上板块后，如果想继续浏览二级页面就需要返回网站最顶部，因此，为了给用户提供更良好的浏览体验，设计师又增加了浏览细分二级页面的链接部分，完成效果如图5-12所示。

新建图层组，命名为"案例"，按照之前草图绘制的大致思路，将该公司的Logo居中排列，分别设计"标志VI""包装""年度服务""品牌""互联网+"5个关联的链接板块。每个板块的设计步骤都类似，由于篇幅限制，下面只详细讲解第一个"标志VI"的操作过程。

新建图层组，重命名为"标志VI"。在图层组下面新建图层1，选取"矩形选框工具"，拖动出一个宽"180像素"、高"430像素"的虚线选区，选择"黑色"填充，如图5-13所示。

图5-12　　　　　　　　　　　　　　　　　　　　　　　　　图5-13

保持选区状态，在"选择"下拉菜单中选取"修改"中的"收缩"命令，收缩2个像素，在"编辑"下拉菜单中选择"描边"命令，弹出对话框，宽度选择"1像素"，位置"居外"，颜色选择"金色（R：180，G：125，B：0）"，如图5-14所示。描边效果如图5-15所示。

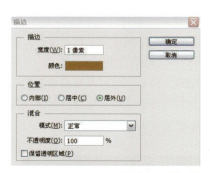
图5-14

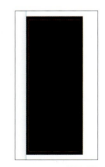
图5-15

单击图层1，选择"文字工具"输入"BASI、标志VI"，选用"宋体""8#"字，颜色选择"白色"，单击"Enter"键确认。重新选择"文字工具"输入"标志、吉祥物"，选用"黑体""5#"字，颜色选择"金色"，单击"Enter"键确认。所有文字与图层1垂直居中对齐，再拖入事先设计好的背景插图，放在图层1上，选中插图背景，单击鼠标右键，选择"创建剪切蒙版"，完成创建。效果如图5-16所示。

剩下的4个板块的设计，按照相同的步骤，完成"包装""年度服务""品牌""互联网+"板块设计，步骤图如图5-17至图5-19所示。

图5-16

图5-17

图5-18

图5-19

为了方便用户更便捷地浏览其他门户网站查阅相关资料，在最后加入了网站跳转链接，居中排列，再次平衡版面，完成效果如图5-20所示。

图5-20

（6）底部导航栏设置

具体操作步骤如下：

①新建图层组，重命名为"底部导航栏"，新建图层1，选择"矩形选框工具"创建高"2像素"、长"19200像素"的选区，填充"金色"，如图5-21所示。

图5-21

②新建图层2，选择"矩形选框工具"创建宽"40像素"、长"19200像素"的选区，填充"80%黑色"。选择文字工具输入"关于BASI""在线客服""BASI招聘""联系我们"，如图5-22所示。

图5-22

③新建图层3，选择"矩形选框工具"创建宽"45像素"、长"19200像素"的选区，填充"黑色"。选择文字工具输入网站相关备案编号、公司名称、地址等信息，如图5-23所示。

图5-23

至此，整个网站的首页界面设计完成（图5-24）。

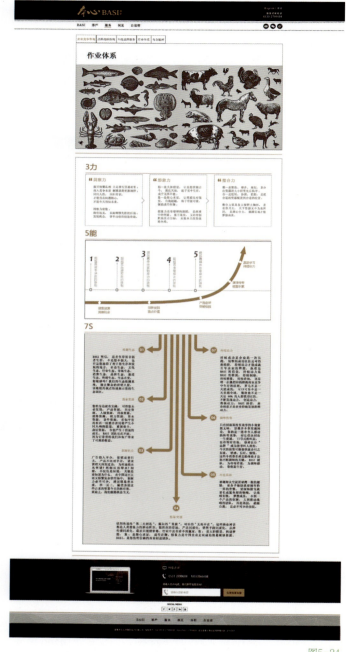

图5-24

如果前期的构思充分，利用 Photoshop 软件来实现自己想要的页面效果其实是非常简单的。设计者只要掌握一定的 PS 操作技能，以网站准确定位为前提，合理规划网站布局功能，重视人机交互的合理化设置，结合版式设计的技巧和规律，并注意色彩搭配的合理性，就能将网页的界面设计得让人满意。相信通过前面案例的介绍，大家也掌握了其中的一些规律和方法，网页设计的学习需要大量的时间积累，精彩的界面设计必须通过不断的练习和实践才能得以掌握。

第十二课　"巫溪盐文化"网站——从样稿到网页实现

课时： 12课时

要点： 网页界面设计完成之后，需要通过Photoshop和Dreamweaver软件进行编辑，将其转换为具有一定交互功能的静态页面，实现网页效果。通过案例可以让学生学习切片和制作的步骤和方法，达到独立完成网页设计的目的。

网页界面设计是将页面所需的图片和文字通过Photoshop等设计软件进行版式编排，实现视觉效果的直观展示，并将普通的图片形式用Dreamweaver等软件实现其基础交互功能。下面以巫溪盐文化网站首页为例，具体讲解操作方法。完成效果如图5-25所示。

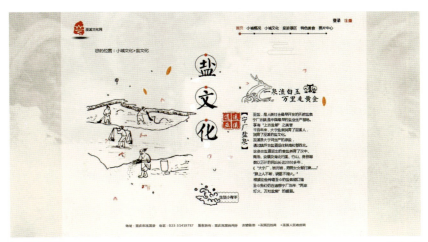

图5-25

1.完成网页切片

　　该阶段主要通过切片工具来实现。切片工具通常是在设计 Web 页中用来分割页面的工具，就像在 Dreamweaver 中绘制表格一样，在 PS 中，我们同样可以使用切片工具直接在图片上绘制切片线条。首先用 Photoshop 软件打开网页界面文件(图 5-26)。在工具栏中单击"切片工具"选项(图 5-27)，鼠标样式即变成了切片工具的图标，就像是钢笔头一样的按钮；然后将其转移到要编辑的图片上，可根据自己的需要将整个页面进行切片。为了后期上传速度快一些，可将每个切片切得小一点（图5-28）。

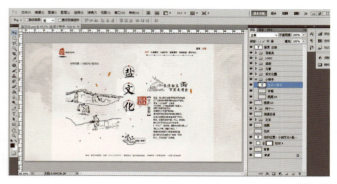

图5-26　　　　　　　　　　　　　　　图5-27

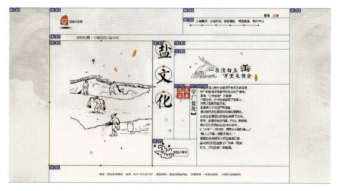

　　可以看出，需要文字编辑的部分都有相应切片，只需要替换图片的部分也可单独切片。对于需要设计的页面，都可以手动切片，以区别文本或图像的区域；而对于普通用来展示的图像，也可以进行均匀的简单切割（选择切片工具后，在图像上单击右键，在快捷菜单中选择"划分切片"命令，设置"水平划分为"和"垂直划分为"两项的横向切片和纵向切片的数量）。设置好数量后，图像上就会出现图片的预览效果，这样会更加快速和高效。

图5-28

2.切片编辑

　　在切片过程中，我们有时需要更改切片尺寸，这时可将鼠标移动到需要修改尺寸的切片，单击鼠标右键，选择"编辑切片"选项，切片变成如图 5-29 所示的形式，拖动即可。

图5-29

如果直接单击鼠标右键进行删除，就会将所有切片全部删除，所以这里只需轻轻点击要删除的切片，确保其他切片都不在删除选区内即可（图5-30）。

图5-30

如图5-31所示，只有右下角的切片需要被删除。将鼠标放在该切片位置，单击鼠标右键选择"删除切片"。删除后，切片左上角的数字编号就变成灰色状态。

删除部分切片时，可同时按住"Ctrl+Shift+鼠标左键"，点击需要删除的多个切片（点击的时候按住键盘不要松手），再单击鼠标右键，选择"删除图片"。如需清除页面的所有切片，则可选择编辑页面的视图"清除切片"选项。显示或隐藏切片时，可选择快捷键"Ctrl+H"。

图5-31

3.保存

保存切片和保存图片的方式有些区别。点击左上角的"文件"按钮，选择"存储为Web和设备所用格式"，将出现一个关于存储的页面（图5-32）。

在这个页面中，所有的切片都可做修改操作，也可直接保存。保存时，点击下面的"存储"按钮，会出现一个保存的对话框，可以根据自己的需要选择保存的位置、切片名称以及要保

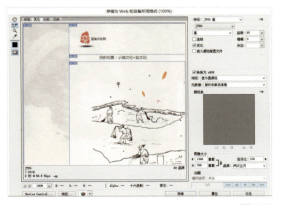

图5-32

存的格式。文件名以英文形式命名。如图 5-33 所示，将本页面命名为"ywh.html"，保存在名称为"切片文件夹"的文件夹中。选择完成后，单击右边的"保存"按钮，就可以将切片保存到计算机上。保存后会出现如图 5-34 所示的警示框，单击"确定"即可。随后，PS 切片编辑区继续恢复切片时的状态，完成切片的整个过程。

图5-33

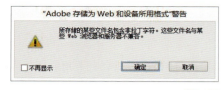

图5-34

需要注意的是，保存格式有 3 个选项：一种是 HTML 和图像，也就是我们要保存切片的格式，HTML 是网页预览，也可在预览中复制切片图的全部代码，这样方便上传到店铺；另外两种是仅限图像和仅限 HTML，也就是组成 HTML 和图像的两个部分。

4.效果展示

打开名为"切片文件夹"的文件夹，里面生成有如图 5-35 所示的两个文件。其中，上面名为"images"的文件夹内是切片图，下面名为"盐文化 .html"的是整个切片组合在一起的网页预览。双击"images"文件夹，会显示如图 5-36 所示的内容。

图5-35

图5-36

5.网页交互

①打开 Dreamweaver 软件（图 5-37）。双击切片文件夹中以"ywh.html"命名的文件（图 5-38）。打开文件后，会看到和原图一模一样的图片，不同的是该文件由多个切片组成（图 5-39）。

图5-37

ywh.html   2016/5/5 10:18

图5-38

图5-39

②编辑文字。本次网页页面的文字都有背景，所以在实现文字的交互性时，可将文字所在的区域作为背景图片插入，否则无法编辑文字。在 PS 保存切片时将文字隐藏，具体操作方法如下：

单击切片，将其删除，按照删除切片的尺寸重新定义图片所在表格的长和宽，单击鼠标右键，选择编辑标签浏览器特定的背景图像，单击"浏览"按钮（图 5-40），找到切片文件夹中的 images 文件夹，选择相应图片，单击"确定"按钮即可作为背景图插入。

图5-40

编辑文字时，可单击编辑页面下方的"水平"和"垂直"两个按钮，分别选择"左对齐"和"顶端"。文字可直接在 DW 中编辑，也可从 Word、记事本等处复制粘贴。在文字编辑时，如需要较多空格，可将输入法改成全角式或者同时按下"Ctrl+Shift+ 空格键"。按"Enter"键是段落换行，会在文本换行的同时在文本间增加一个空行。如果仅需要文本换行而不需要空行，则只需按住"Shift+Enter"键。设计者可根据需要使用两种方式调整换行和空行。

网页中文本的字号、字体、颜色都可以通过 CSS 样式表来设置。勾选菜单"窗口"，选择"CSS 样式"选项，在打开的"CSS 样式"面板中单击"新建 CSS 规则"图标。弹出"新建 CSS 规则"对话框（图 5-41），将选择器类型设置为"类"，在名称文本框中以英文形式自定义名称，单击"确定"按钮。弹出如图 5-42 所示的对话框，可对字体的大小、形式、颜色、是否有下划线等进行设置，设置好后单击"确定"按钮。

图5-41

图5-42

③热区链接（图 5-43）。设计者在软件编辑界面左下角可找到如图 5-44 所示的图标，选择第一个长方形（也可任选），把需要链接的地方划出来，在如图 5-45 所示的位置选择链接页面即可。热区链接可以指定不规则的交互页面，也可以在一张大图上实现多个热区链接。

图5-43

图5-44

图5-45

④登录注册（图 5-46）。文字可直接编辑，将注册字体设为"红色"，在 CSS 中编辑它的属性。具体方法是：选中注册字体，单击"CSS 编辑规则"。弹出对话框后，在选择或输入选择器名称下面输入英文的".1"，进入下面的页面，可编辑字体属性，选择"12#"字，并将颜色改为"红色"，单击"确定"按钮，然后在编辑界面中将链接框部分链接到相应页面即可。

图5-46

⑤不需要编辑文字的切片部分可直接选中（图 5-47），查看尺寸后删除，按刚刚删掉的切片尺寸将切片所在表格尺寸重新输入。确定表格位置与大小，选择界面菜单栏的插入图像，在 images 文件夹中找到相应切片，单击"确定"按钮即可。

图5-47

6.代码设置

下拉菜单的制作，其效果可直接在网上下载。将下载下来的源代码放到 DW 代码编辑页面 <li></li> 中，调整 CSS，将文字替换为自己所需的内容。如图 5-48、图 5-49 所示，直接将"魅力展示"与"经典产品"换成"小城概况"和"小城文化"即可。图 5-50 是巫溪文化导航条的全部代码。最终效果如图 5-51 至图 5-53 所示。

```
<li><a href="xcgk.html" class="yd"><strong>魅力展示</strong></a> </li>
<li><a href="xcwh.html" class="yd"><strong>经典产品</strong></a>
```

图5-48

```
<li><a href="xcgk.html" class="yd"><strong>小城概况</strong></a> </li>
<li><a href="xcwh.html" class="yd"><strong>小城文化</strong></a>
```

图5-49

```
<li><a href="index.html" class="yd"><strong>首页</strong></a></li>

<li><a href="xcgk.html" class="yd"><strong>魅力展示</strong></a> </li>

<li><a href="xcwh.html" class="yd"><strong>经典产品</strong></a>
    <ul>
        <li><a href="zxs.html">占星术</a></li>
        <li><a href="zbs.html">占卜术</a></li>
        <li><a href="yaowh.html">药文化</a></li>
        <li><a href="ywh.html">盐文化</a></li>
        <li><a href="cwh.html">茶文化</a></li>
    </ul>
</li>

<li><a href="lyjq.html" class="yd"><strong>旅游景区</strong></a>
    <ul>
        <li><a href="hcb.html">红池坝</a></li>
        <li><a href="ygt.html">云观台</a></li>
        <li><a href="ncgz.html">宁厂古镇</a></li>
    </ul>
</li>

<li><a href="tsms.html" class="yd"><strong>特色美食</strong></a>
    <ul style=" padding-left:5px;">
        <li><a href="ky.html">烤鱼</a></li>
        <li><a href="lr.html">腊肉</a></li>
        <li><a href="nrg.html">牛肉干</a></li>
    </ul>
</li>

<li><a href="tpzx.html" class="yd"><strong>图片中心</strong></a>
</li>
```

图5-50

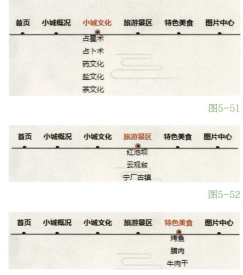

图5-51

图5-52

图5-53

小贴士

一定要先保存网页，再制作页面。因为新建页面未保存前，网页的缓存地址一般都不在所要制作的网站文件夹内，这样会造成链接路径错误。先保存页面，可以确保该页面和图片文件都在同一个网站文件夹的路径内，如页面文件"ywh.html"在切片文件夹内，图片文件也在切片文件夹路径的"image"文件夹内，就不会出现因图片链接错误而无法显示等问题。在制作过程中，想要查看制作效果，可按F12键和"编辑页面"图标来实现。

按照上述步骤，一个具有简单交互功能的页面就设计完成了。所有页面都可按照这样的方式实现网页基本功能的转换，并将需要实现跳转的元素分别链接到合适的地址，从而实现页面与页面之间的链接。

致　谢 / ACKNOWLEDGEMENTS

　　书稿终告段落。在著书过程中，笔者深感"学无止境"与"才疏学浅"的压力，应该说没有各位亲朋、老师的帮助，本书不可能付梓，现一并致谢。

　　首先，感谢家人，包括我可爱的儿子，对我因冥思苦想而对其不理不睬的体谅，感谢四川美术学院杨仁敏教授及同事们在书籍撰写过程中给予的无限激励与帮助。其次，本书撰写离不开众多特色鲜活的作品和案例，在此感谢可爱的重庆人文科技学院建设与设计学院12级、13级的学生们的认真反馈，以及11级毕业生张妮、孙聪聪、王丽娜等同学的智慧与创新，本书中部分案例由以上同学提供。

　　最后，感谢本书得以付梓的幕后英雄——重庆大学出版社艺术分社社长及编辑，感谢你们的辛苦付出、帮助与启发。

编著者